U0136584

圖解：
家動線

好格局與動線的設計原理

以前出去不想回來，現在回來不想出去

我執導過無數部電影，落實過許多夢想。然而，當我住了三十年的這棟房子，漏水、壁癌等問題愈來愈嚴重，住起來也愈來愈不合時宜，其實我想重新裝潢已經很久了，但我知那是一件很不容易的事，也一直找不到那位適合執導我家的設計師。

直到有一次我在上海的一位製片來台灣時，到我家小住兩天，結果他住一天就跑掉了。他說：「導演，你家都是霉味，你怎麼住啊？」那時，我跟我老婆就坐在客廳沙發上，感覺相當沮喪，下定決心重新裝修！正巧因緣際會遇到小游（游明陽設計總監），我就先把我們在內湖另外一間公寓、較小的家，請他設計裝修，心想先試試看、考驗一下。

結果一做完讓我很驚豔，跟他說：「我還有一棟房子，你要不要看一下」。溝通之後，我覺得小游對房子的設計與裝修相當有經驗，也有他獨到的見解，他一出平面圖，因為我是拍電影的，很會看圖，一看就相當滿意。裝修花了一年，成果我們全家老、中、青三代都滿意極了，不僅解決了困擾多年的漏水、壁癌問題，改造後的室內格局與動線，完全符合我們一家五口的生活需求機能與喜好風格，公共空間更將我太太偏愛的古典、以及我喜歡的現代風格完美融合。

小游很仔細的觀察房子的裡裡外外，也很仔細的與我們溝通，做了幾個很棒的改造，就像地下室原本壁癌、漏水非常嚴重，很髒、堆了許多雜物，小游把地下室改造成我的起居室，並擺放一台跑步機，我現在每天在那兒邊跑步、邊看籃球賽，那是我最快樂的時光。還有頂樓，以前就是放水塔，根本不會上

去，小游改造成一個峇里島風格的空中庭院，坐在那兒可以遠眺 101 及一片綠意景觀，很愜意、悠閒。當初我看小游的設計規劃，這兩點讓我非常心動，就下定決心交給小游。以前，住在這個房子，一起床都是霉味，又漏水、壁癌，看了心煩，很想趕快出去。現在，房子重新裝修後，像五星級飯店般舒適，很想趕快回來，就連朋友也都搶著住，我兒子還分批帶朋友回來住。以前這棟房子明明很大，但廚房與餐廳就是小小的，現在廚房很大、有空調，還有一個中島吧檯，餐廳也很大器，功能多元化。就像我們家都是在吧檯吃早餐，宴客時就可以在餐廳的大圓桌，我好多朋友都很快樂的在這邊用餐、品酒、喝茶、喝咖啡與拍照。

　　這個房子透過小游的設計巧思改造後，現在待在家都不想出門，也很適合親朋好友來訪，回來了就不想出去，出去了就很想回家！

導演

動線對了　好設計才會發生

「室內設計」是一門結合藝術與精準安排的行業，還要深入了解一個家庭中，所有生活細節、面面俱到，

學校教育傳授的是創意發想與美學學習，學生的確缺乏接觸具有實務驗證的機會，市面上針對國人家庭研究的設計方法論也不多，尤其是以動線導入，來談空間設計的思維方式的書籍，更是少見。

當學生畢業後、進入職場，才接觸到真實的空間，只是，職場上大多沒有多餘的時間讓新手學習，設計新人產生挫折是司空見慣的情況，如果又碰到帶領的企業主也沒有扎實正確的空間設計觀念，大部分的人只能花很長的時間自己摸索，才能體會到空間架構的真意，但也有可能一開始就走錯方向與重點。

而本書作者游明陽設計師，在執業二十年後，投入了思考，從動線基礎原理運用到設計工程實務，歸納出容易學習運用的動線設計發則，讓設計新手換個方向，從「動線」的觀念來體會空間、進入設計，我看到整本書的內容後，發現的確是一本真正結合實務與原理，更可看出作者是經歷了扎實的社會學習。

動線到底有多重要呢？一般人都忽略動線在室內設計的地位，甚至覺得可有可無，事實上，屋主的對生活滿意度，動線的流暢度至關重要，甚至佔了一半以上的分數，只是動線融合進了空間的每一個細節，一開始是察覺不出來的。

Ch2. 應用篇

一學就會，5 大破解動線公式

破解公式 **1** 門的變化 ·· 052

破解公式 **2** 格局調動 ·· 058

破解公式 **3** 牆的加減法 ······································ 064

破解公式 **4** 共用走道 ·· 072

破解公式 **5** 彈性空間 ·· 078

Ch3. 個案篇

讓家更大、更舒適，7 個動線個案規劃前後大解析

個案 **1** 格局調動、走道有功能 老房子混搭出新生命 ··········· 084

個案 **2** 開放公領域、兩側引光 老屋蛻變坐擁河景陽光 ········· 096

個案 **3** 開放彈性空間、打造回字動線 家多元化、有趣 ········· 108

個案 **4** 3 房變 2 套房、放大公領域 譜寫優雅樂齡生活 ········· 120

個案 **5** 多元化空間、玻璃當隔間 功能、舒適三代宅 ··········· 132

個案 **6** 為老舊別墅引光通風 動線流暢不必繞來繞去 ··········· 142

個案 **7** 共用主動線、拉大空間尺度 三代同堂樂陶陶 ··········· 154

Ch1.

圖解動線規劃重點！一看就懂，

原理篇

- 秒懂動線 掌握好住、好用的隔間原理
- 圖解！13大設計師都該會的動線規劃重點

秒懂動線　掌握好住、好用的隔間原理

一個家，好不好用、舒不舒適，
其實，在畫平面配置圖的時候就已決定了。

而左右平面圖上空間規劃的好壞，就藏在經常被忽略的「動線」當中，
一道牆的位置、門開在那邊、空間如何配置、又該如何切割大小，
以至於空間與空間如何連結……，在在影響著從無形、到有形的動線好壞。

STEP 01 認識動線

可以移動的地方 = 動線

　　規劃出一好的動線的前提，首先，你要先了解「動線」
是什麼？一個空間基本上可分成「停留的地方」和「可移動
的地方」，動線，就是屬於「可移動的地方」。

　　坐在沙發上不叫動線、躺在床上也不是動線，但床旁邊
的走道就是動線、電視櫃前面也要有動線才能使用，就是進
行「動態」行為。在開始規劃時，記住動線有三個角色：

❶ 動線是行動的路線。
❷ 用來做為空間轉換的樞紐。
❸ 機能需求的活動地方。

主動線與次動線

　　認識動線後，必需了解動線有「主動線」與「次動線」的區別。「主動線」是從一個空間移動到另一個空間的主要動線；而在同一個空間內的瑣碎動線與功能性的移動則是「次動線」。就像從客廳到餐廳、廚房，或從主臥到次臥，空間到空間的移動是「主動線」；而從客廳的沙發走到電視、或從臥室的床走到衣櫃等功能的移動則是「次動線」。

　　區分主、次動線，可以幫助規劃動線時的思考先後順序，先決定主動線之後，設計思考便以這條主動線為主軸。如果這個房子不夠大，我會把多個主動線整合在一個主動線，或者把主動線與次動線整合在一起，即可打造明快流暢的動線，也能節省空間。若這個空間夠大、要展現空間的大器，我就會把多個主動線、或主動線與次動線分開。

―

13 大規劃要點，整合空間

　　動線的好壞，不但關係到行走時的順暢度，更可以決定一個空間的舒適性，同時也決定空間與空間互相關連的重要性。例如客廳與書房、餐廳與廚房、臥室與更衣室之間，每個空間彼此互動的重要性，就取決於動線如何的規劃。

　　當動線規劃的好，會讓使用面積增加、寬敞度也隨之增加；反之，動線若規劃不好，就會讓空間變得很碎，使用空間變少、感覺也會很擁擠。而隨著環境與時代的變遷，空間使用的彈性亦日趨變化多端，動線也不再僅僅是單一的選擇。因此，我整理出「13 大動線規劃重點」，搭配詳細圖解，讓人一看就懂，不僅能快速理解動線規劃的要點，更能藉由其中動線的多重變化，讓空間的配置與運用更加靈活。

依生活習慣
安排空間順序

空間，是生活的容器。

　　每個空間，因應每個人的生活習慣不同，給予不同的安排，就會有空間順序的不同，動線也隨之不一樣。因此，在規劃動線之前須先了解這間房子使用成員的生活習慣，才能做好空間順序的安排，打造符合居住者使用的順暢動線。

　　以一進門的空間順序舉例來說，有些人習慣一進大門要有玄關做緩衝、再進到客廳；有些人礙於購買的坪數不大，怕玄關會佔掉空間，覺得一進來沒有玄關比較好；有些人則喜歡一進門是吧檯、或廚房等等。再如書房，有些人喜歡開放式書房，可以跟公共空間有互動；有些人習慣書房是獨立一間，或隱密的、位在最旁邊的，不會被干擾。其它如對更衣室的需求，有些人喜歡放在主臥室裡，但要規劃於床與浴室的中間；有些人則喜歡主臥的更衣室要跟浴室分開來；甚至有些人希望將更衣室獨立規劃放在另外一個空間等等，因人而異。

一進門空間順序的不同安排

範例 ❶

一進門要有玄關

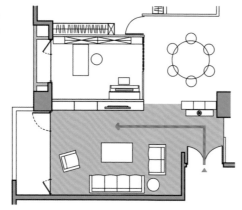

喜歡一進門要有玄關，大都是想要有內外之分，不要一進來就看到屋子的全部。玄關通常會做一些造型或掛畫、擺放藝術品等，暗示主人的喜好，代表這間房子的個性。此外，要有玄關也是希望一進門有地方收納鞋子雜物，因此動線的特質是需轉個彎才能進到客廳。

範例 ❷

一進門沒有玄關

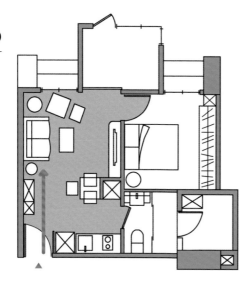

因為玄關會佔掉約一坪的空間，因此十幾到二十幾坪的小坪數大都寧可不規劃玄關。此時，我會利用雙向櫃，一面開口向大門，一進來便可收納鞋子；另一面轉向餐廳，可收納餐具與其它用品，一櫃兩用，不佔空間，動線特色是一進門行走明快順暢。

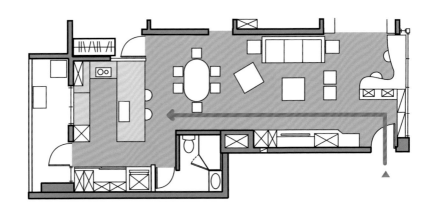

　　景觀好的客廳卻看不到河景，我沿著一進門的窗戶做一弧形吧檯結合兩個矮櫃，讓一進門可以收納鞋子，並將採光與視野引進室內。而且得以巧妙規劃出一條主動線，將到客廳、餐廳、中島廚房等多個動線自然整合，讓行走動線十分暢快，活用每寸空間。

廚房區

中島檯面

　　由於這個房子的入口處有大柱子不能動，加上屋主希望買菜回來就可直接放進廚房，因此我將玄關的鞋櫃與廚房的入口結合，讓一進門即可進入廚房處理購買回來的食材；搭配半開放的中島廚房，可與客、餐廳做互動，遞菜也方便，賦予主動線移動與機能雙重目的。

書房的不同規劃：專注型 VS 一心多用型 VS 混合型

動線決定格局，格局又要看個性，根據皮紋分析（統計學的一派）有一種分類將個性分為「專注型」與「一心多用型」。專注型一次只能做一件事，不能被干擾，適合「獨立式書房」；一心多用型喜歡一次做很多事，適合「開放式書房」，一邊使用電腦、一邊看電視、照顧小孩做功課等。

獨立式書房大家共用，大都規劃於公領域，動線安排在次動線上；開放式書房則會與到客廳的動線共用整合在一起。

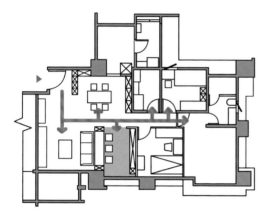

專注型：適合獨立式書房

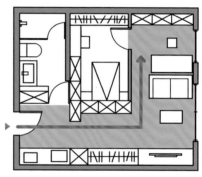

一心多用型：適合開放式書房

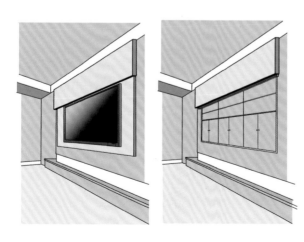

混合型：可開放、可獨立的書房

為顧及所有家庭成員的需求，有一種做法是「混合型」，兼具開放與獨立，例如在以玻璃隔間的開放式書房加裝捲簾或窗簾，或利用遊艇五金設計成電動昇降櫃做隔間，空間既可開放、又可獨立，讓書房具使用彈性。

動線規劃與獨立式書房同屬於次動線。

以空間重要排列
找出主動線

改門，可改變主動線。

依照生活習慣安排空間順序之後，再來就是必需按照空間排列重要性，找出主動線。對常邀請親朋好友到家做客的人而言，客廳的需求就是用來接待朋友，因此我會將客廳、餐廳，甚或書房連結在一起做成開放式的公共空間，這樣接待朋友時才會有足夠與多元化的空間來使用。而此時的主動線從客廳、到餐廳、到書房，我會將主動線安排在公領域，與私領域分開。反之，客廳若是家人看電視、聊天的場所，不常接待親友，而是注重家人相聚，此時我就會將主動線從客廳、餐廳、再通到臥室，讓主動線是可以串聯公、私領域。

再如各空間如何找出主動線，以主臥室舉例而言，有人喜歡把更衣室放在浴室與床之間，使用起來較方便，此時就需共用動線；但有人則喜歡把更衣室與浴室分開，此時就需將動線分開。因為對空間排列重要性的不同，就會產生不同的主動線，有時我更會透過「改門」的位置，改變主動線，不但可以讓原本無法隔出更衣室的主臥規劃出更衣室，更可共用主動線，創造更加明快流暢的動線，而「改門」這件事，就是動線的變化可以影響空間配置的最好範例。

公、私領域的不同規劃：招待親友型 VS 家人相聚型

依屋主不同的需求，對公、私領域的主動線安排可區分為兩種：需招待親友到家做客型和注重家人相聚型。對於需招待親友的，我會將格局一分為二，一半是公領域、一半是私領域，並將公領域與私領域的主動線分開，讓造訪的客人不會打擾到私領域。若注重家人相聚，我會將私領域規劃於公領域的兩邊，用主動線串聯公、私領域，讓一家人方便走動到中間的公領域相聚，家人也可以擁有自己的空間。

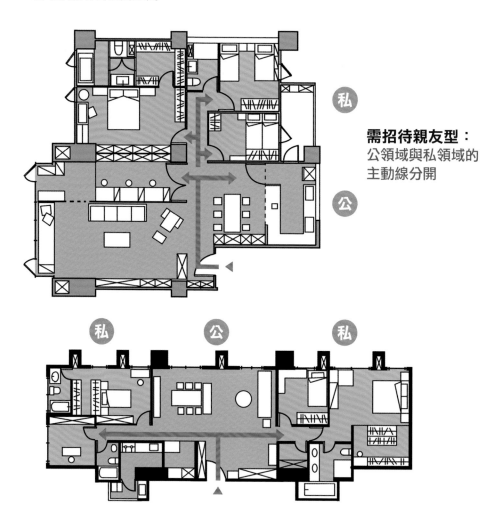

需招待親友型：
公領域與私領域的
主動線分開

注重家人相聚型：公領域與私領域的主動線共用

更衣室的不同規劃：位於主臥室 VS 獨立一間

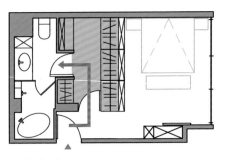

更衣室
位於主臥的床與浴室之間，優點
是共用同一條動線

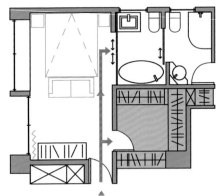

更衣室
位於主臥但與主浴分開，動線需
分開，用得面積多一些

以主臥室而言，在同一空間內因不同的「小空間」排列不同，動線的安排也會有所不同。

若是將更衣室規劃於主臥室內，放在床與浴室之間，換衣服較方便，也不會有床對到廁所的風水禁忌，此時的動線就需重疊共用。若將更衣室與浴室分開，使用浴室與使用更衣室時彼此不會受到干擾，但此時的動線就必需分開。

此外，更衣室除位於主臥室外，也可以獨立規劃出來另成一間，優點是家庭的每位成員都很方便可以使用，且不會干擾到其它任何空間的使用，但此時的動線規劃也需分開。

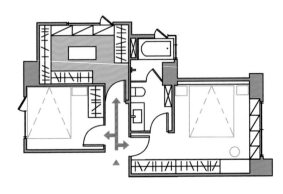

更衣室
獨立規劃出一間，需區分不同動線

把門改到另一邊，隔出更衣室、共用主動線

　　由於屋主希望在主臥室規劃出一間更衣室，但原有格局的浴室位於門旁邊，更衣室擺在那兒都不對。因此我先設想如果更衣室要擺在廁所旁邊，動線應該從那裡走進去比較合理？於是，就想到「門」應該改到另一邊，動線才會合理，這樣就可在浴室隔出更衣室，從大門、到床、更衣室與浴室，通通共用一條主動線，充分運用每一坪效，打造更加明快流暢的動線。

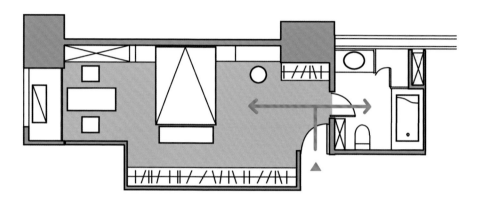

Before **原有主臥室格局**
由於浴室位於門旁，無法規劃出更衣室，
一進門動線左、右分開，無法共用

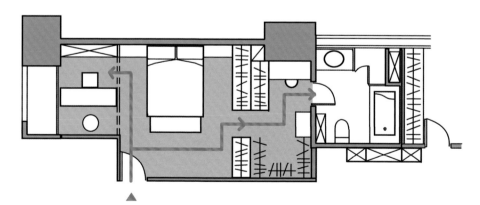

After **將門改到另一邊**
規劃出更衣室，並能共用主動線，讓動線更加流暢

分公、私領域
安排格局配置

格局一分為二,再分配空間。

動線規劃
重點 3

　　面對一個格局時,要如何下手去分配各空間的配置呢?首先,我會先將格局區分為「公領域」及「私領域」。然後,再從公領域開始安排格局配置,公領域通常有客廳、餐廳,或者再多一個彈性空間如書房,於是,畫出客廳空間佔比較大、餐廳可能要這麼大,所以彈性空間的書房只能縮小,如此就能得出公領域各空間的大小區分與配置。

　　接著,以書房做為連結私領域的 3 個房間,主臥靠窗空間大一點、2 個小房間則是次臥。當格局配置畫好後,就可以定出「動線」,而兩個空間的「相交處」就是動線,例如:連結公、私領域的相交處是書房,書房就要做一個可以穿越的空間。之後,開始放「牆」,客、餐廳要做開放式的,就不要放牆;書房要可以穿越公、領域,規劃活動式拉門,可開放、可區隔;主臥與 2 間次臥之間要留走道……,如此一來,就會知道牆要放在那兒,怎樣的格局配置,動線才會是最順暢的。

Step❶

將格局區分為公領域及私領域

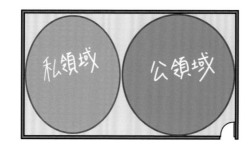

Step❷

在公領域畫出各空間大小與配置

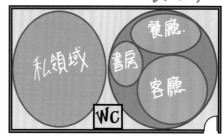

Step❸

在私領域畫出各空間大小與配置

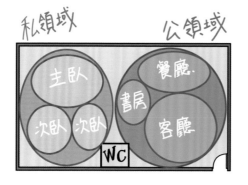

Step❹

畫出牆面與定出動線

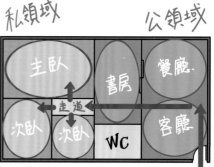

共用動線
重疊主、次動線

整合動線，創造最大坪效。

動線可分成從一個空間移動到另一個空間的「主動線」，以及在同一空間內所發生包括移動性與機能性的「次動線」。而將多個移動的主動線整合在一個主動線、或者是將移動的主動線與機能的次動線重疊在一起，都能「共用動線」，不僅可以讓動線更加明快流暢，而且還能節省不必要的空間，使空間變大，視覺寬敞度相對的也會增加。

如何才能將多個動線重疊共用呢？首先，我會將從大門走進去之後，行走到客廳、到餐廳、到廚房，以至於到各個房間等多個移動的主動線，整合在同一條主動線上，這樣就可以一路從大門走到客廳、餐廳、廚房及主臥、次臥，行走的動線不會繞來繞去，同時也不會產生浪費空間的走道，就可增加空間的使用坪效與寬敞度。

此外又該如何將移動與機能的主、次動線整合在一起呢？我以客廳為例，客廳需有移動的主動線走到房間，而使用電視櫃時也需要有機能動線，因此我會把移動到房間的主動線與使用電視櫃的機能次動線重疊、整合在一起，就能共用主、次動線。

**動線規劃
重點4**

主動線＋主動線的重疊

　　所謂「主動線」就是空間到空間的移動動線，將空間跟空間移動的主動線儘量重疊，就可以節省空間。例如：從玄關到客廳、到主臥、到廚房、到次臥、客臥、書房，本來需規劃 6 個主動線，我用一條貫穿的主動線來整合這 6 條移動的主動線，讓主動線一直重疊，就能節省空間，創造空間的最大使用效益。

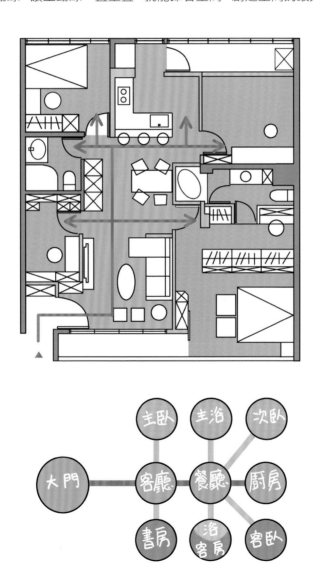

主動線＋次動線的重疊

　　所謂「次動線」是指在空間內發生的動線，包含機能性、移動性等動線都是次動線。例如：將從客廳移動到主臥的主動線，與在客廳使用電視櫃時櫃子前面需預留的機能動線，整合在一起，就是將主動線與次動線重疊，不僅節省空間，更能創造流暢的動線。

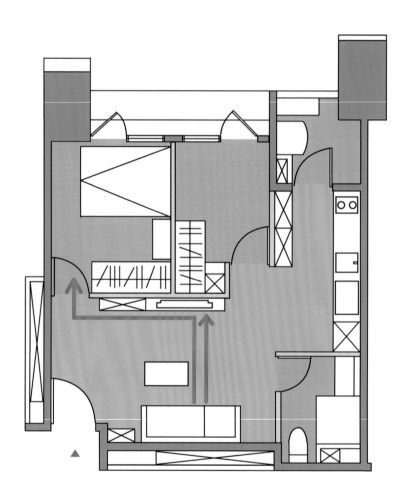

主動線 + 主動線 + 次動線的重疊

　　如果能將主動線與主動線，再加上與次動線全部整合在一起，則可打造不管是空間到空間的移動行走、抑或在空間中使用機能上的最佳流暢動線。例如：我用一條「共用走道」，整合所有的動線，包含從玄關到客廳、到餐廳、到廚房、到主臥，甚至是到客浴、到後陽台等空間移動到空間的主動線通通整合在這個走道，而這個走道還整合了使用客廳電視櫃與餐、廚前面一排收納櫃子的機能次動線。

　　也就是我用一條共用走道重疊所有主、次動線，這個走道等於這個房子的龍骨，相當重要，打造出明快流暢的完美動線。

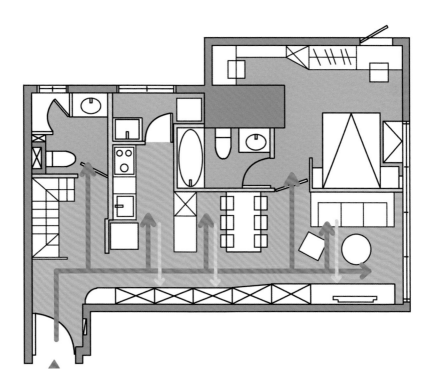

靈活變化的動線

跳脫單一動線，生活更有趣。

動線規劃
重點
5

　　雖然直線動線行走明快、節省空間，但有時反而失去空間的變化與趣味性。若能根據空間格局的特性規劃出「回字型動線」，就能為空間創造不是只有單一的動線，讓行走路線從這邊可以通、從那邊也可以通，為生活帶來充滿變化的樂趣。

　　例如利用一個半開放式書房，串聯客、餐廳，並透過拉門的設計，門片一關，擺在書房的沙發床即可獨立成為休憩室；門片一開，整個動線是暢通且重疊成一回字型動線，為空間動線增添變化的樂趣。

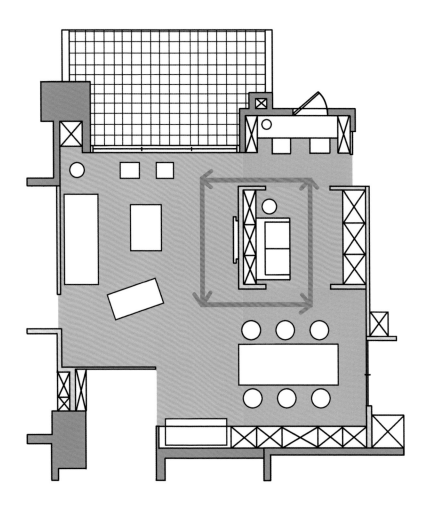

在這個個案中，我用一個「開放式書房」＋一個兩邊規劃活動拉門的「半開放式休憩室」，為公領域創造出一個「回字型動線」，讓客廳、書房、休憩室與餐廳等不同空間彼此互動串聯，打造出一個極有趣的回字型的循環動線。

動線兼顧
視覺寬敞度

整合，屬性相同的空間。

動線規劃必須兼顧視覺的寬敞度，才能住的很舒服，而將屬性相同的空間整合在一起，就是整合動線、同時也兼顧視覺寬敞度的不二法門。例如把客廳、餐廳連接在一起，讓客、餐廳的界限不是那麼明顯，且動線是共用的，空間的寬敞度就會大很多。

包含彈性空間的書房，也可以跟客廳、及餐廳整合在一起，例如我有一個15坪的小空間個案，前面是客廳，我將書房擺在客廳後面，利用架高地板區隔不同功能，再借用半開放的隔屏，將衣架的鋼鎖藏在裡面，在創造小坪數最寬敞舒適的空間感同時，也提供曬衣服的功能，將小坪數空間運用到極致。再如有一些格局客廳與餐廳並不相鄰，我會在中間規劃一個書房將客、餐廳串聯，並在書房透過玻璃拉門的設計，拉開後整個視覺即連結在一起，感覺相當寬敞、舒適，動線也十分流暢。

動線規劃
重點
6

客廳＋餐廳＋中島廚房

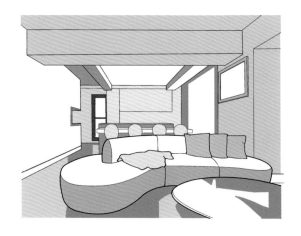

將空間性質相近的客廳、餐廳搭配中島設計整合在一起，打造開放式公共場域，創造直線動線的流暢性，也營造出空間倍加寬敞的視覺感受，更滿足屋主在家經常宴客的需求，提供賓主盡歡的多元生活風采。

客廳＋半開放式書房

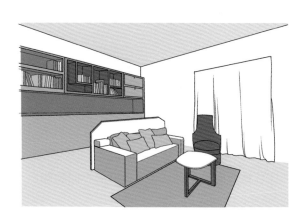

以半高隔板界定出書房與客廳，運用書房凹字型書櫃將體積較大的音響喇叭收納進去，為小坪數空間帶來更多的生活機能、視覺寬敞度與明快動線。

客廳＋透明彈性空間＋餐廳

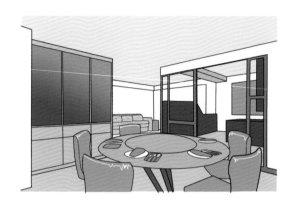

在原本相隔很遠客、餐廳之間，打造一間用透明玻璃隔間搭配拉門的彈性空間，串聯原本錯開的客、餐廳。玻璃材質給予視覺穿透，讓公領域空間更為寬敞舒適，形成流暢的生活動線；搭配窗簾，可變成獨立書房或客房，給予極大化的使用彈性。

適時的
讓動線停止

動線的終點，機能與美感並存。

**動線規劃
重點7**

　　動線雖是行走的路線，但有時需要「停止動線」時，就要在適當的地方讓動線停止。最常見的就是碰到畸零空間時，往往就是動線無法到達、需要停止的地方，例如樓梯下方及轉角處，通常就是動線該停止的時候，此時可在規劃為儲藏空間，若無法規劃儲藏室，則可設計展示櫃擺放屋主的收藏品、擺飾品，或者運用造型吊燈，即可產生一個端景，為空間增添視覺美感。

　　此外，桌子擺放的地方，也可以視為動線需要停止的地方，而在桌上懸掛吊燈，讓視覺有注意焦點，且行走到此就可避免去撞到東西，具有動線到此停止的涵義。

運用樓梯下方空間，設計吧檯＋收納櫃

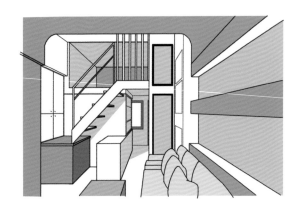

7坪、挑高僅三米八，只能做一小夾層，因此我將樓梯安排有別於一般常見的角落位置，是位於會穿過的走道，因此用鏤空式的樓梯讓視覺穿透，下方設計一吧檯結合收納櫃，增加空間機能，更可避免走過去會撞到頭，具有適時停止動線的功用。

轉角處防撞，懸掛造型吊燈，妝點空間美感

一般常見畸零空間的運用無非是做櫃子，然而，我在這個個案的轉角處設計一個落地透明玻璃窗，賦予空間穿透的視覺效果，並於畸零空間特地懸掛一盞美麗的吊燈，創造一個端景，讓停止動線時不會撞到玻璃窗，更增添空間美感。

桌子上方懸掛吊燈，打造視覺焦點

動線不只是要動，更需要在適當的地方停止，有時我會利用「家具」，例如「桌子」就是可讓動線巧妙停止的地方，搭配在桌子上方懸掛幾盞吊燈，給予行走時在動與停之間一個視覺焦點，讓移動也能很有趣。

消弭走道

不浪費空間的完美解法。

面對高居不下的房價，每個空間都寸土寸金，因此常見於空間中的長走道，不僅浪費空間，更讓動線不夠明快。藉由空間配置的重新安排，將格局整個重新調動，就能讓走道消失。

例如把私領域的 2 個房間，安排於公領域的客、餐廳兩邊，如此一來，就不會有走道產生，充分發揮空間中的每一坪效，更將動線整合在一起，當你於空間行走時，無論到那一個空間都相當順暢。

動線規劃
重點8

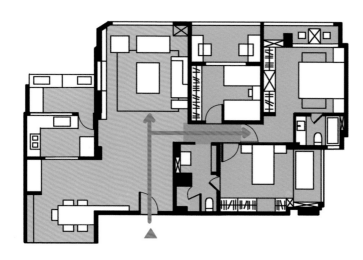

一般

位於 **3** 個房間中的長長走道，浪費空間

消除走道

整合

在空間重新配置時，可以試著想：把房間往兩邊擺，就不會有走道產生

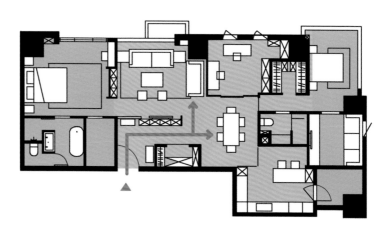

創造走道價值

讓走道，不只是行走用。

動線規劃
重點9

　　當格局因建築安全無法大改，就會有不可避免的走道產生，藉由賦予走道價值性，創造走道的功能與美感，增添走道的視覺焦點與使用機能，就不會浪費走道空間。至於如何為走道創造實用的功能性，例如將走道做成黑板牆與磁鐵牆，就可以給小孩畫畫，也可用來貼便條紙、相片等等，讓走道不只是走道，還增添另一種機能。

　　除了賦予機能外，打造一個極具美感的漂亮走廊，也能創造走道的價值性。例如有一個屋案的天花板夠高，因此我從房門將造型延伸到天花板，連結整個走廊打造出一典雅的造型，搭配一排優雅迷人的吊燈，走過去的感覺有如穿梭於藝廊一般，令人忘記這是走道，賦予空間極高的品味。

賦予走道實用功能

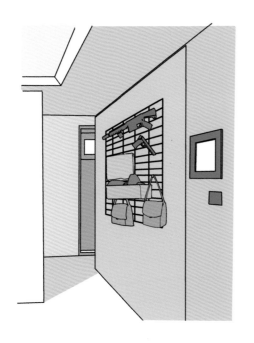

　　走道不僅是行走的動線，若能依屋主的需求賦予其實用的機能，例如為喜愛玩生存遊戲的屋主善用走道，規劃出可以懸掛各項生存遊戲設備、以及包包等，一方面具收納功能、一方面也可以展示出屋主的收藏與喜好。

營造走道美感氛圍

　　當屋高夠高時，人的視覺反而感受不出來高度的優點，我將位於房間前的那條走廊，整個設計成能感受出氣派的效果。首先，沿著門框做高的裝飾，讓整體具有挑高感，再搭配一排漂亮的吊燈，這兩個手法能「強化」出走廊的高度，創造舒適美感氛圍與視覺焦點。

預留未來的
動線與牆

依需求，房間可變多、變少。

動線規劃
重點 10

空間是人生活其中要使用的，因此規劃動線時不僅要考慮到現在居住成員的需求外，還要預先設想到未來因應成員的增加或減少、以及成員的年齡成長，或者以後好轉賣給其它人等因素，同時也要為未來可能的各種格局變化預留未來的動線與牆。

例如現在的家庭成員較多，房間數需求較多，但未來小孩長大成人各自嫁娶後會搬離，未來則可將房間數減少，讓房間變大，住起來會更為舒適。反之亦然，有時反而是此時也許是一家三口的小康家庭，因應未來人口也許會增添，因此預留未來可增加房間的動線與牆，將可不必搬家即可輕鬆增加 1 房。

5 房變 3 房、再變 4 房

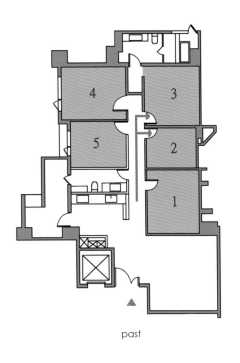

past

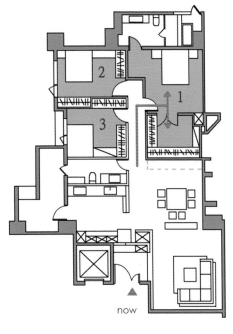

now

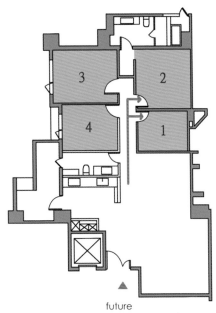

future

一家三口不需要 5 間房，因此拆掉一間房，讓出空間給公領域擺放餐桌；再拆掉另一間房的一面牆，用櫃子遮蓋牆壁拆除後地板的破損處，即可將兩房合併為一大間有更衣室的主臥房，巧妙的將原本的 5 房更改為 3 房的格局。

未來，若家庭成員增加抑或轉賣時，只需將櫃子拆掉，再砌上一道牆，即可變成 4 房格局。

1 房變 2 房、再變 1 房

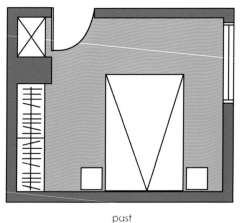

past

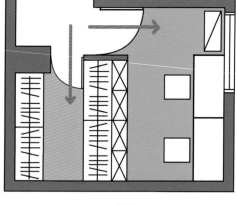

now

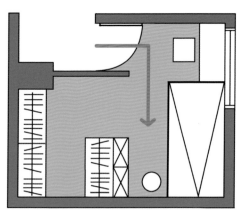

future

1 房 → 2 房 → 1 房

因原本 1 房的中間有一根大樑，加上屋主的需求，因此沿著大樑一分為二，運用一面是衣櫃、一面是高櫃的雙面櫃做隔間，巧妙隔出 2 房：一間書房與一間更衣室。

未來，可依需求的變化，拿掉書房 2 張書桌的其中一張後，即可擺放一張單人床；再將原本一面是衣櫃、一面是高櫃的雙面櫃，轉個方向重新組合，即可拆除掉原本的隔間，將一間書房與一間更衣室的 2 房改為 1 單人房。

門的開法
決定走的方向

順牆開，行走動線多向性。

當開門的那一刻，就決定了你要往那個方向走，可見門的開法，對動線的影響是多麼的重要。你有沒有想過，同樣一扇單開門，卻有向左外開、向右外開，以及向左內開、向右內開等 4 種方式，究竟應該選擇那一種開法，必需考慮到空間周遭環境、配置，以及人的動作、甚至是開關的位置，就會知道門到底要怎麼開，才能創造方便、舒適的動線。

以房間門為例，為什麼都往內開呢？那是因為一般的房間大都有窗戶，門若向內開，房間的氣流才會順勢把門抵著、比較好關也才會持續關著；若房門採向外開法，房間有氣流就有可能會把門推開。

至於門又該往那邊開，順著牆的方向開，能呈現扇形的方向性，提供多元方向讓人行走，你可以選擇 90 度沿著牆直走、也可以選擇 45 度角往右或往左走。但若牆不是順著牆開，一開門無形中在你眼前就是會有一道走廊，限制你的方向，只能往前直走，更浪費空間。

動線規劃
重點 11

門 的 4 種 開 法

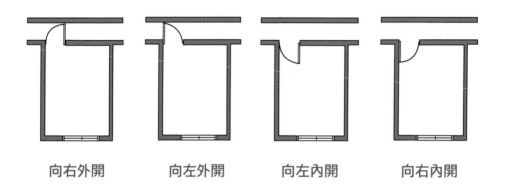

| 向右外開 | 向左外開 | 向左內開 | 向右內開 |

門 向 內 開 時 的 舒 適 開 法

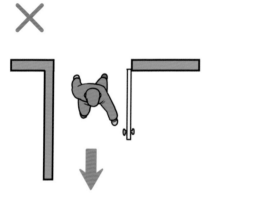

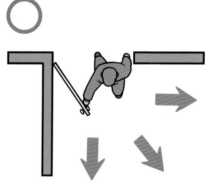

門沒有順著牆的開法
一定要全開才能走進去，
而且無形中會創造出一條走廊，
使用比較多空間，更限制你行走的方向，
那就是只能往前走。

門順著牆的開法
門不必全開，
半開時也能順暢的走進去，
而且你可以行走的動線是多方向性的，
可以往前直走、
也可以往扇形狀的任何一個方向走。

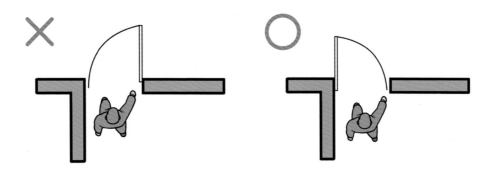

門向外開時的舒適開法

門向外開時，
若不是順牆而開，
而是往另一邊的開法
開門走出去時會有先撞到牆的感覺。

門向外開時，
沿著牆向外開的開法
較能順暢且感覺寬敞的走出去。

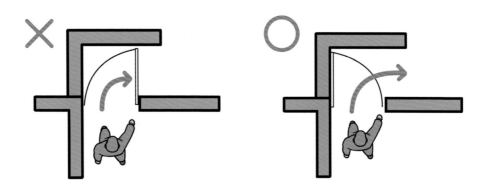

門向外開＋外面有牆的舒適開法

門向外開時，
外面若有牆時
若不順牆而開，而往另一邊的開法，
動線會受到阻礙，行走相當不便。

門向外開時，
外面若有牆時
順著牆向外開的開法，
能夠動線順暢的走出去。

因人而異的
人因工學尺寸

寬度，決定動線品質。

　　人因工學 Ergonomics，也譯為人體工學，但我認為用「人因工學」較符合以人為本的本意。人因工學是研究人體尺度，使人的行動更具生產力、安全、舒適的一門科學。雖然人因工學有一定的尺寸，但人是活的，因此當你規劃動線時，要考慮到人的動作需求，所以人因工學的尺寸並不是死板板的，而是要因人而異。

　　例如走道，一般情況下寬度 80、90 公分就可以過了，但若屋主體型較壯、較胖，就要增加寬度到 100、110 公分。此外，也要顧及到這個動線的使用習慣，例如 80 公分的走道一個人可以走過，可是如果這個走道常常有 2 個人交錯走過時，80 公分就不夠寬，可能要到 120、甚或 160 公分。再如屋主非常高，床只能 190 公分嗎？此時就必需增加到 220 公分才能符合真正的需求。

　　在畫平面圖時，我建議要放一把捲尺在旁邊，當你要畫 80 公分的走道時，就把捲尺拉出來感受 80 公分是多大，走過去的感覺是怎樣；當你要畫椅子多高時，拉一把椅子坐坐看，再拿捲尺量這樣的高度的感受是如何。一邊畫、一邊把捲尺拉出來自己感受看看，久了你就會知道走道要多寬？椅子要多高？床要多少？床邊走道要多少？最後就會明白怎樣的尺寸才是舒適的尺寸，而「舒適」才是人的尺寸。

動線規劃
重點 12

舒適，才是人的尺寸

範例 ❶

舒適的走道尺寸

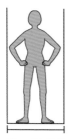

80 ～ 90 公分

100 ～ 120 公分

一般走道尺寸：
80 ～ 90 公分

舒適的走道尺寸：
100 ～ 120 公分

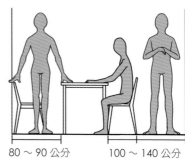

80 ～ 90 公分　　100 ～ 140 公分

椅子後面的走道尺寸（桌子和牆的距離）
非主走道：80 ～ 90 公分
主走道：120 ～ 140 公分

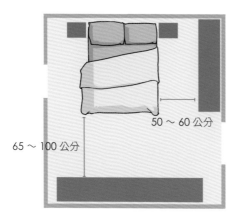

50 ～ 60 公分

65 ～ 100 公分

床和櫃子間的走道尺寸
一般走道：50 ～ 60 公分（櫃子門片 45 公分以下）
主走道：65 ～ 100 公分（櫃子門片大於 45 公分）

範例 ❷

走道的尺寸
門的位置影響

90 公分

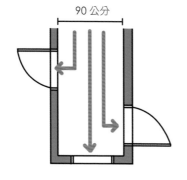

100 公分

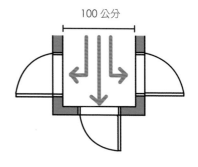

門的位置若有錯開、較寬鬆，走道
寬度需大於 **90 公分**，就會舒適

門的位置若是相對的，比較擁擠，走
道寬度需大於 **100 公分**，才會舒適

家具靈活配置
動線的解救之光

擺對家具，不用改格局就有好動線。

不用動到格局配置，也就是不用改牆、改門，運用家具的配置，也能影響到空間的動線。首先，做好家具的配置規格，以避免家具過大或過小，造成動線的不便；再來，有些格局的家具配置若按照一般常見的搭配方式，動線就是會不順暢，此時就要突破既定的擺法，運用靈活的家具配置，才能創造暢快又好用的動線。

例如在一個前面是電視櫃、後面是櫃子，旁邊又是落地門窗的格局，若照一般常用的一套 L 型沙發、搭配雙人沙發或 2 張單椅，則會產生坐在 L 型沙發裡面的人需繞一大圈才能走出來。但若改變家具的擺設方式，以 2 張雙人沙發面對面、搭配 2 張單人椅的配置，如此一來，無論坐在那一個位置，出入都很方便。

家具活潑擺放，走起來好玩又順暢

範例 ❶

坐那兒出入都便利，打破刻板的沙發配置，

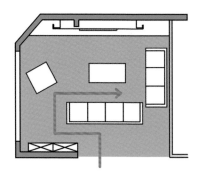

常見的 3、2、1 沙發組合，搭配茶几與邊几的配置擺放，導致坐在裡面的沙發的人，需繞一大圈才能進出。

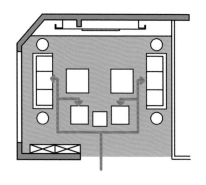

跳脫一般的家具擺設，以 2 張單椅搭配小茶几，加上面對面的 2-3 人沙發擺設及兩張茶几的配搭，坐在每一個位置進出都方便。

範例 ❷

客餐廳好用又有趣，不要邊几、餐桌轉向，

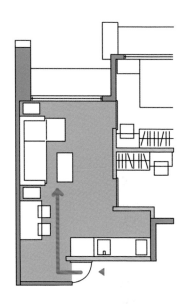

小坪數空間常見為了增加客廳空間，因此客廳擺放雙人沙發搭配兩邊邊几，以致於串聯一起的餐廳只能擺放一張面壁的餐桌與 2 張餐椅，讓餐廳空間了無生趣。

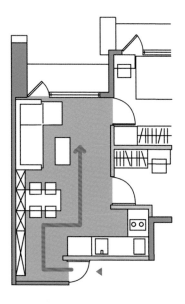

客廳沙發取消兩邊的邊几，以一張雙人沙發搭配腳凳、茶几，再佐以將串聯一起的餐桌轉向不面壁，並以 4 人餐椅的方式擺設，賦予客廳連結餐廳空間的多元化使用功能。

Ch2.

破解動線公式！一學就會，

應用篇

5 大動線破解公式

- 門的變化

- 格局調動

- 牆的加減法

- 共用走道

- 彈性空間

門的變化

門，是一個空間移動到
另一個空間的界面。

門，不僅關乎到動線的順暢，也決定動線的方向；
甚至可以一分為二區隔出不同的空間、
以及創造出新的機能空間。

**動線破解
公式 1**

　　不過，改門之前我要提醒大家很重要的一點，就是
改門通常會影響到外面的格局，因此在改門之前一定要
先模擬外面的空間可以做怎樣的調整。例如要改的臥房
門的外面有可能是走道、有可能是餐廳，你要一併考量，
因為隨著將門的位置一改，外面的格局也要跟著去調整，
才能兼顧動線的順暢與各空間的使用。

Point 01　打造　合理動線

大家經常看到有些房間的格局，一開門就會對到床、或對到廁所，犯了風水的禁忌。

　　或者房門離床太近，造成出入不方便，一進門也覺得很有壓迫感。此時，只要透過門的改變，不管是移動門的位置、還是改變門的開法，都可以打造出更為合理與流暢的動線。

—

Point 02　創造　新的機能

不管是小坪數、還是大坪數住宅，每個人都希望能夠將每一寸空間的運用發揮到極致。

　　尤其是臥室空間，通常都不大，如何讓每間臥房都能擁有完善的使用機能，有時靠的就是藉由改門的位置，來創造出新的機能空間。例如將本來靠牆的臥室房門移動 60-65 公分，就可以創造出一個深度 60-65 公分的衣櫃空間。再如本來的房間格局就是無法隔出一個更衣室，然而將門從這一邊改到另一邊之後，就能多出一個更衣室、有時還能多出一個書房，讓房間的使用機能更加完整。

—

Point 03　變化　不同空間

門的改變除了更改門的開法與位置之外，還可透過門的不同型式，將一個空間變化出兩個或以上的不同空間。

　　例如將一般常見只有廚房與餐廳的格局，把單開門改為拉門，就可以將廚房區隔出熱炒區，並增設出一個中島，藉由拉門讓廚房、中島、餐廳可整個連貫、也可區隔，變化出更多使用功能的空間。

示範 **1** 調整門的位置
→ **隔出更衣室、動線不用轉彎**

= Step1 移門 ＋ Step2 加櫃

問題 1
主臥室門口剛好卡在狹長型主臥空間中間，一邊是放床、一邊是浴室，根本沒地方規劃出更衣室，無法滿足屋主想在主臥擁有一間更衣室的需求。

Before

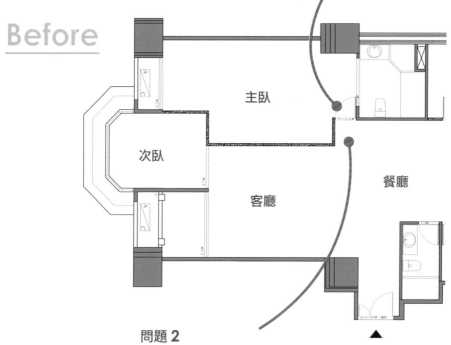

問題 2
主臥室門口有一缺角，浪費空間，且要轉個彎才能進到主臥室。

Step1　將門移到另一邊

將原本有缺角、卡在狹長型主臥中間的門，改到靠牆的另一邊，並將原本門口的缺角補一道牆拉方正，不僅增加更多使用空間，動線也不用轉彎，直接就可以進出主臥。

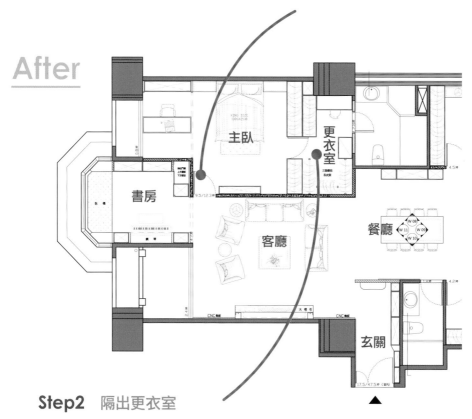

After

Step2　隔出更衣室

透過主臥房門位置的更改、以及空間拉方正之後，釋出更多空間，且剛好位於主臥的床與浴室中間，因此我用衣櫃當隔間，搭配隱藏門設計，即能隔出一間寬敞的「更衣室」，還能擺放化妝桌椅，達成屋主的需求。

衣櫃當隔間

動線順暢

調整門的位置，釋出更多空間、給予更多機能

透過將主臥房門位置移到另一邊的調整後，一方面將原本房門口
的缺角補牆拉方正，讓動線不會轉彎；另一方面得以釋出更多空
間，規劃出屋主一直想要的更衣室，在優雅細緻氛圍下增添主臥
多元化的生活機能。

格局調動

格局的空間分配，
依每個家庭成員需求而不同。

因此有時原始格局的房間數，
對現在的屋主成員來說太多、或太少，
都需要重新調整空間配置。

　　或者有時會發生房間太大、客廳太小，以及過長走道、採光不足、空間切割零碎與動線不良等情形，也都需透過空間配置的重新調動，才能讓空間的分配比例、及整體動線得到合理的使用與安排，住起來才會符合屋主的真正需求。

**動線破解
公式**
2

Point
01

微調 空間配置

有時不需要大動格局，透過微調空間配置，就能打造符合屋主所需的完美格局與動線。

　　最常見的做法就是將 2 個空間對調，例如將原有格局中採光不足的客廳，與採光較佳的廚房對調，並打掉隔牆，放大公共空間、也引進充足光源。再如屋主只有一家三口，將原有 3 房 2 廳格局之中，採光、視野較佳的小孩房與主臥房對調，並將 1 小孩房改為書房兼客房，不僅較具靈活運用，日後增加人口時還是可以改成小孩房。

Point
02

重整 空間比例

面對老房子嚴重採光不足、老舊管線、壁癌漏水等情況，以及空間凌亂、動線不合理與公、私領域不分等格局，此時唯有透過打破原有格局，重新規劃整個空間的分配與比例，才能創造合理的生活樣貌與動線。

　　舉例而言，原本餐廳與客廳是錯開的格局，餐廳周圍都是房間、沒有採光，且與廚房相隔很遠，不僅公、私領域不分，動線也不合理。透過將客、餐廳合併安排於採光較好的一面，並將房間統整在一區，藉由公、私領域的格局重整調換，讓公領域獲得充足的採光，且公、私領域區隔分明。

Point
03

化零 為整

當原始格局的空間規劃被切割的很零碎，以致於造成極為不順暢的動線，甚或產生浪費空間的畸零地與過長走道。

　　這時只有透過格局的調動與整併，化零為整，才能消彌走道與畸零空間於無形，藉以提高空間使用坪效，創造流暢動線與舒適的居住空間。

示範 1

3 房變 2 房
→ 重整空間分配，區隔公、私領域

= Step1 少一房 + Step2 一分二

問題 1

餐廳位於整個格局的中間，周圍都是房間，且與客廳錯開，動線不順暢，且沒有採光。

Before

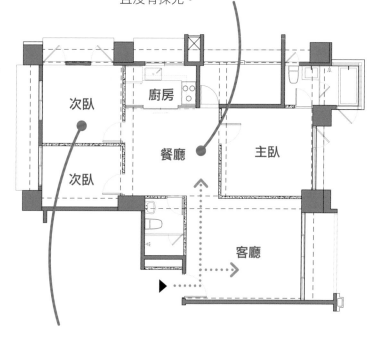

問題 2

房間數有 3 間，且每間都隔得小小的，對於居住成員只有夫妻 2 人而言，房間過多。

Step1　打掉一房，統整公共空間

屋主只有夫妻 2 人，不需 3 間房間，將原本卡在客、餐、廚之間的主臥房打掉，釋出空間開放客、餐、廚整個公領域，賦予寬敞的空間感與充足的採光，更讓公領域動線流暢，使用機能更為便利，給予生活多樣面貌。

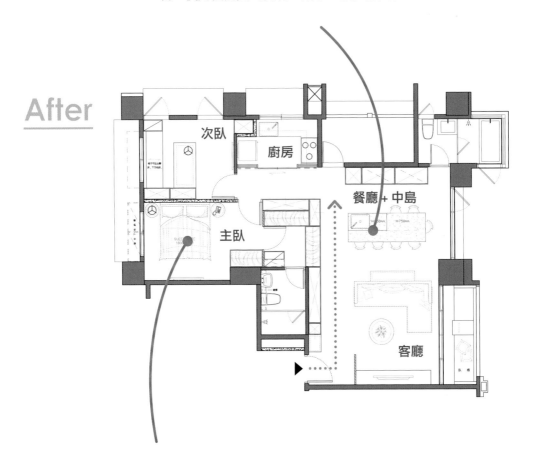

After

次臥

廚房

餐廳＋中島

主臥

客廳

Step2　空間對半，公、私領域分開

將緊鄰客浴的客臥空間加大改為主臥室，剛好將公、私領域一分為二，得以分開公、私空間，同時更滿足屋主需在家經常宴客的需求，也不會干擾到私領域的生活需求。

共用走道

3 房變 2 房，釋出空間統整公領域、區分私領域

打掉一間房間，將多出的空間用來統整客、餐、廚的公領域，在寬敞一氣呵成的開放公共空間，搭配雙面都可坐的流線造型沙發，以及在餐廳規劃中島輕食區，不僅可以容納更多客人，滿足經常在家宴客的需求，營造更多元化的社交機能與生活樂趣。

牆的加減法

牆，是界定動線、
也是導引動線的基礎元素。

加一道牆，就可為沒有玄關的格局，
創造出玄關、導引一進門的行走動線，
若延著新砌的牆增設櫃子，更可增加收納空間。

動線破解
公式 **3**

　　只要在對的地方減一道牆，就可巧妙將繞來繞去的
動線，變得順暢明快。然而，到底該在那兒加一道牆、
或又該拆那一道牆呢？提醒大家只要根據以下三大要
點，便可以在最適當的位置，活用牆的加減法來更改格
局，以期為空間打造最流暢的動線及最舒適的生活。

Point 01

考慮 屋主需求

屋主的需求通常與居住成員、生活習性及機能有關，依循屋主的需求去做牆面的增減。

　　原本三間房的格局，居住成員是一家三口的小家庭，我會依屋主需求拆除一個房間的一道牆，調整為開放式書房且又可兼具客房，同時滿足多元化的需求。而本來只有兩房的格局，但一家有五口需要三間房間才夠住，此時就需要在適當的地方加一道牆隔出三房，才能真正符合屋主的需求。

Point 02

觀察 周邊環境

新砌或拆除一道牆，跟周邊環境有很大的關係，其中又以「光、氣流與景」最重要。

　　某個空間的光線不夠，抑或通風不良，我就會拆除那道阻擋光與風進來的隔間牆，藉以引進光線與氣流進到那個空間。又如明明面對公園、或位居高樓層，有美麗的視野，我會減牆來放大空間的視野，納景入室；抑或加牆框住景色只屬於某個空間。而房子周遭的環境，關乎到牆的所在位置，因此透過仔細觀察周邊環境，才能找出在那兒加牆或減牆。

Point 03

注重 空間合理性

有些格局因建商只考慮到容積率，沒考慮到使用性，衍生出空間配置不合理的狀況。

　　若廚房與餐廳相隔很遠，使用很不方便，我會透過拆除隔間牆與移動牆的位置，重新調整格局，將客、餐廳與廚房整合在一起，生活機能才會實用、動線也才能串聯。再如常見的電梯大樓住宅，一進門沒有玄關，又不能把鞋子放在門口，就需加牆、加櫃，創造出玄關及收納鞋子的功能。

示範 1 多一道造型牆
→ 創造玄關、導引動線

= Step1 加牆 + Step2 做造型

問題 1
沒有規劃玄關，鞋子沒有地方可擺放，造成入口處凌亂不堪。

Before

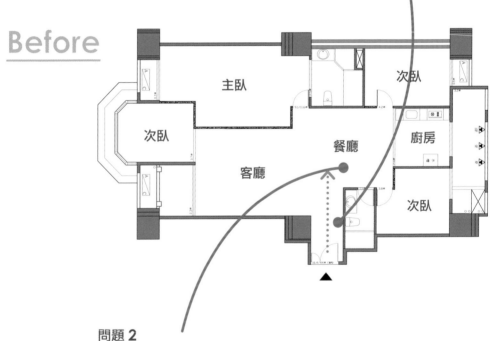

主臥

次臥

次臥

客廳

餐廳

廚房

次臥

問題 2
進大門之後會直接走到餐廳，動線很怪，且沒有玄關做過渡空間，很沒安全感。

Step1　入口處加牆＋一排櫃子

於入口處加一道牆，讓一進門之後的動線導引導至客廳，
不會直接走到餐廳；搭配進門右側增設一排櫃子，打造出
玄關的超大收納空間，擺放鞋子與雜物綽綽有餘，也讓餐
廳的界限更加完整，讓進家門之後的心情得以轉換紓緩。

After

Step2　金屬磚壁紙＋小檯面

在新增加的牆面貼上仿鏽蝕金屬磚壁紙，並設
計一可擺放藝術品的小檯面，搖身一變為藝術
造型牆，賦予玄關極具美感的視覺端景。

加牆隔出玄關

拉門區隔餐廚

集結收納、視覺美感與導引動線的玄關

在入口處增設一道牆，即可隔出玄關空間，鋪貼仿鏽蝕金屬磚壁紙搭配一小檯面擺放藝術作品，打造一進門的迷人視覺端景。在散發時尚優雅氛圍的羅馬柱灰鏡映照下，巧妙的將路線從玄關導引到客廳，而位於灰鏡對面一排造型收納櫃，具有超大收納容量可供擺放鞋子與收納日常雜物，實用機能與視覺美感兼具。

示範2 截彎取直

→ 砌新牆結合雙邊櫃，空間放大、加強收納

= Step1 拆牆 + Step2 加牆 + Step3 加櫃

問題 1

原格局的舊裝潢讓客廳與主臥之間的牆面產生畸角，造成空間不方正，以致於動線需轉彎、不順暢。

Before

問題 2

一進門沒有玄關，一眼望過去直視到前陽台，無法顧及隱私，更犯了穿堂煞的風水禁忌。

Step1　拆除客廳與主臥間的畸角牆

拆除要錢，更要注重結構安全，所以並不是全拆光最好，到底該拆哪道牆？從這張圖面明顯看到位於客廳與主臥之間的畸角牆壁，就是首先必需拆除的一道牆。

After

Step2　造型牆＋吊櫃

在大門進口處增設一道造型牆結合吊櫃，提供端景視覺，一方面營造玄關空間、一方面擋掉一進門直視到前陽台的穿堂煞。

Step3　直牆＋雙邊櫃

拆除畸角牆截彎取直重砌成一直牆，將空間拉正，即有放大空間之效。並在牆兩邊增設櫃子，一邊是電視櫃結合書櫃、一邊是更衣室衣櫃，同時為客廳與主臥創造收納空間及生活功能。

共用走道

走道，是移動的過道，
也是導引動線的行走方向。

走道，更是每個格局之中必然存在的地方。
不管是有形、抑或無形的走道，只要規劃妥當，
不僅能打造流暢明快的動線，更能節省空間，
創造空間的最大使用坪效。

反之，若沒有好好規劃的走道，不僅形成一堆無謂的走道，既浪費空間，還會將空間切割的很碎，讓整個空間的動線卡卡、不順暢。

至於何時需要用到「走道」呢？這就牽涉到動線的安排，動線除了較為人知的從這個空間走到另一個空間的「移動動線」外，還有就是使用機能時也需要預留走道的「機能動線」，例如電視櫃前面要留走道才能使用，衣櫃前面要留走道才能打開使用等等就屬於機能動線。因此，如何將多個動線統整在一個「共用走道」，正是節省空間、創造明快動線的不二法門。

動線破解
公式
4

Point 01

多個移動動線合一

將多個移動動線結合在一起，就不會形成一堆走道，不但能夠節省空間，因動線統整在一個共用走道，行走時也會更加順暢。

　　走進大門後，把到客廳、到餐廳、到廚房、到房間等多個移動動線整合在一個共用走道，就不會形成其它走道佔據空間，充分使用每一寸空間，動線也不會東繞西繞。

—

Point 02

動線合一機能與移動

把使用機能的動線統整在移動動線上，或者把使用機能做在移動的動線上，就像櫃子前面本來就要預留空間才能打開來使用，把櫃子前面與移動的走道合一，就會共用走道。

　　將客廳到其它空間的移動動線之主走道放在電視櫃前面，就能把機能與移動動線合一，若是電視櫃旁邊有門可以出入另一個空間（如書房、或臥室），就可以再將此移動動線結合在一起，讓機能與多個移動動線合而為一，更能節省空間。

示範**1** 將櫃子擺放於共用走道
→ **結合多個移動與機能動線、創造最大坪效**

= Step1 改樓梯 **+** Step2 合一 **+** Step3 加櫃子

問題 1
地坪僅有 19.5 坪、挑高三米六的格局,卻做了大半的夾層,讓空間顯得很壓迫侷促。

Before

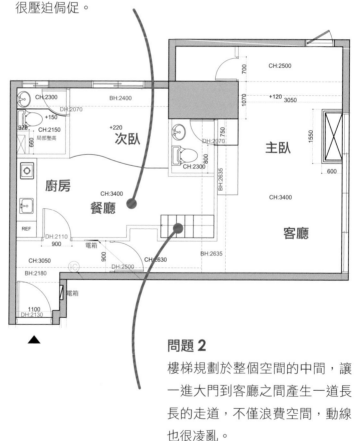

問題 2
樓梯規劃於整個空間的中間,讓一進大門到客廳之間產生一道長長的走道,不僅浪費空間,動線也很凌亂。

Step1　將樓梯移到空間角落

將原本位於整個空間中間的樓梯移到最旁邊位置，創造出整個格局的空間寬敞度，位於角落更不會阻礙到整體空間的行走動線。

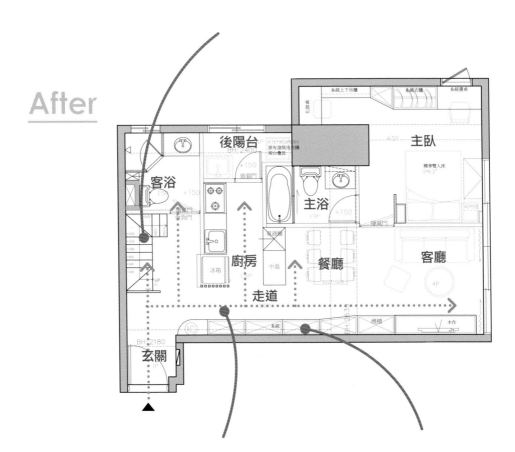

After

Step2　將多個移動動線結合在一起

將從一進門走到客廳的動線，與走到夾層客房的樓梯，以及走到客浴、廚房、餐廳和主臥等多個移動動線統整在一條「共用走道」，讓行走的動線流暢明快，不會浪費空間產生不必要的走道。

Step3　將櫃子規劃於共用走道上

延著共用走道規劃一整排櫃子，巧妙的將玄關收納鞋子與日常雜物的櫃子、餐廳使用的餐櫃，以及客廳的電視櫃等通通集結在這一排櫃子，發揮空間最大的使用坪效，而且極具實用性與便利性。

示範2 回字型動線
→ 用中島創造四通八達的回字型共用走道

= Step1 拆牆改門 + Step2 開放餐廚

問題 1
後陽台很小，放一台洗衣機後，根本沒有多餘的空間可供曬衣服。

Before

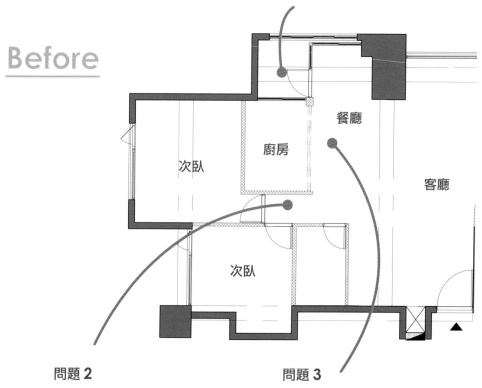

次臥

廚房

餐廳

客廳

次臥

問題 2
客浴與2間房間前面有一條浪費空間的走道。

問題 3
廚房空間太小，下廚很不方便；餐廳不知擺在那兒，且會有對到客浴廁所門的風水疑慮。

Step1　打掉牆與門調整格局配置，放大後陽大並消除走道

打掉原本封閉廚房的牆壁與門，並把後陽台的門移到另一邊，增加後陽台的使用空間，解決之前無法曬衣的困擾。而拆掉廚房的牆與門後，透過將廚房移到另一邊、後陽台改為長條等格局的調整分配，讓原本位於客浴與 2 間房間前面的走道便消失於無形，釋出空間得以做更好的規劃。

After

Step2　設立中島，串聯客餐廚、打造回字動線

將餐、廚統整規劃成開放式空間，於餐廚間增設中島，巧妙打造出回字型動線，不僅得以串聯客、餐、廚的動線，到後陽台、書房、次臥與客浴的動線更四通八達。同時也完美的將多個移動動線結合了使用餐廳櫃子、餐椅拉出後的座位與使用中島、廚具時等的機能動線。

彈性空間

一個空間，擁有多個功能，可依
需求變來變去，讓家充滿彈性

**動線破解
公式5**

家，隨著年齡的增長、生活模式的改變、成員的增
減，各階段都會有著不同的空間需求；更何況隨著
時代社會的變遷，生活方式也愈來愈多元化。

面對空間不敷使用時，靈活運用彈性空間的規劃，
將一個空間做重覆利用，讓家，可以擁有依不同需求而
變化不同功能的空間彈性，甚至還可創造環繞式的回字
型動線，為家帶來更多生活樂趣。

Point 01　一個空間 變化不同功能

有些空間，不是時常都需要，而是有時才需要，透過彈性空間的規劃，讓一個空間同時擁有 2 個或以上的功能，需要的時候才讓它顯現出來，就不會形成閒置空間白白浪費掉。

舉例來說，客房是為了有時來家做客的長輩、朋友，或是小孩成年回家時而規劃，將書房與客房功能合一，平常是書房，透過沙發床、隱藏於櫃子的掀床、架高木地板等方式，有需要就可搖身變為客房，大大提高空間的使用率。

—

Point 02　一個大空間 變數個小空間

透過彈性空間的靈活運用，還可因應不同的需求將空間串聯、或區隔。

將廚房多隔出一個中島，藉以串聯廚房與餐廳，放大空間也增加使用功能；若需大火熱炒烹調，拉上廚房拉門即可區隔開來阻擋油煙。把一個大房間分割成 2 個小孩房，小朋友或與父母可在一個大空間遊戲玩耍與閱讀，睡覺時透過活動拉門區隔 2 房，就可讓小朋友各自保有自己的空間。

—

Point 03　創造 回字型動線

藉由彈性空間，可以串聯動線與動線，創造回字型動線，讓行走動線可以任意環繞，都不會有阻礙，讓動線不是動線，而是自在的生活遊移。

規劃一個開放式客房兼具休憩室的彈性空間，透過休憩室兩側拉門的設計，打開拉門，串聯客廳、書房、休憩室、餐廳彼此之間的動線，形成一回字型動線，打破一成不變的界限，讓生活更流暢、充滿變化的趣味。

示範 1 打破實牆藩籬
→ 賦予多元化功能，空間效益加乘

= Step1 拆牆 + Step2 雙面櫃 + Step3 做中島

問題 1

原本為 2 大房加 2 小房的格局，對一家四口而言房間數過多，加上家庭成員年齡相距較大，每個人的需求也都不一樣。

Before

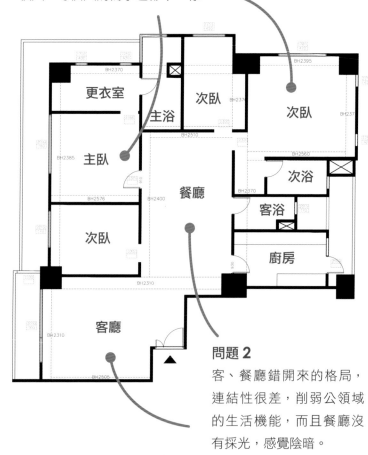

更衣室
主浴
次臥
次臥
主臥
次浴
餐廳
客浴
次臥
廚房
客廳

BH2370
BH2395
BH2370
BH2510
BH2385
BH2560
BH2576
BH2400
BH2370
BH2310
BH2310
BH2505

問題 2

客、餐廳錯開來的格局，連結性很差，削弱公領域的生活機能，而且餐廳沒有採光，感覺陰暗。

Step1　封閉改為半開放，引光入室

將位於客、餐廳之間的一間封閉式房間，拆除原本隔間用
的實牆，運用半牆、半高櫃，搭配上方透明玻璃佐以捲簾
的設計做隔間，改為半開放的和室，得以引進光線進到餐
廳，讓室內擁有足夠的採光。

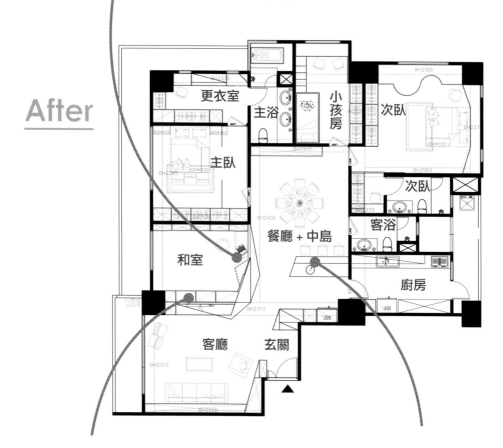

After

Step2　和室多功能，效益加乘

以一邊是電視櫃、一邊是書櫃兼具收納櫃的
雙面櫃取代另一面實牆，區隔客廳與和室，
於和室擺放書桌椅可當書房；架高木地板可
當小孩的遊戲區，也可是大人的休憩空間；
客人來訪時舖上床墊便可當客房…，賦予一
房多功能，達到空間加乘效果。

Step3　串聯客、餐廳，多樣生活

在開放的客、餐廳中間規劃一中島輕食
區，將原本隔很遠的客、餐廳串聯，於中
島擺放吧檯椅，可當做平常簡便的用餐
區，抑或喝咖啡、品酒、泡茶的休憩區，
為整個開放的公領域，增添多樣化的豐富
機能與生活樂趣。

Ch3.

7個動線個案規劃前後大解析！

讓家更大、更舒適，

個案篇

- 格局調動、走道有功能 老房子混搭出新生命
- 開放公領域、兩側引光 老屋蛻變坐擁河景陽光
- 開放彈性空間、打造回字動線 家多元化、有趣
- 3房變2套房、放大公領域 譜寫優雅樂齡生活
- 多元化空間、玻璃當隔間 功能、舒適三代宅
- 為老舊別墅引光通風 動線流暢不必繞來繞去
- 共用主動線、拉大空間尺度 三代同堂樂陶陶

CASE DATA

房屋型式：電梯大樓／老屋翻新
室內坪數：38 坪
居住成員：夫妻、1 小孩、1 貓 1 狗
室內格局：客廳、餐廳、廚房、書房、更衣室、主臥＋半套主浴、小孩房、客浴
主要建材：橡木、超耐磨木地板、文化石、十字紋玻璃、海棠花玻璃、進口壁紙、進口磁磚、鐵件

格局調動、走道有功能，
老房子混搭出新生命

藉由空間配置的調動，
創造處處耐人尋味的趣味。

邊間、三面採光、又面對公園的良好先
天環境，但主臥室卻位於裡面採光最不
好、窗戶看出去還是隔壁棟大樓的位置。

①

藉由空間配置的調動，將主臥調整到前區採光佳、又有公園美景視野的空間，再將採光較不好的原主臥空間一分為二，區隔出書房與更衣室，不僅讓每個空間配置臻至恰當完美，更透過打掉原先主臥的門與牆，讓一進大門之後的走道得以延伸，導引行走動線進入私領域空間。此外，於走道牆面噴上磁性黑板漆，可貼便條紙、又可讓小孩畫畫，為這個結合眷村復古元素與北歐風的家，創造處處耐人尋味的趣味。

延伸走道導引動線，豐富壁面讓家更有趣

這間老屋翻新的個案，其實是我的自宅，由於我相當喜歡懷舊的元素，但直接做復古風一方面覺得很無趣，另一方面又怕太老舊的感覺，所以用混搭的手法，將懷舊的元素用北歐風的手法去詮釋，例如：復古的海棠花與十字紋相

❶ 開放的客、餐、廚公領域,空間寬敞明亮同時得以共用主動線。
❷ 左、右嵌上十字紋與海棠花復古相間玻璃,是進入廚房與小孩房的隱形門。
❸ 延伸走道成 L 型導引動線,壁面噴上磁性漆與黑板漆,給予走道另一功能。
❹ 依基地重新調配格局,將原本位於裡面的主臥改到前區採光充足處。

間玻璃、文化石牆面做特殊漆面的刷舊處理，以現代木作反感的橡木紋去做搭配，讓空間既現代又復古，營造出老靈魂的新生命。

原本格局呈 L 型，在拆除原主臥的牆與門之後，讓走道得以順著 L 型延伸，藉此導引一進大門後就能行走到私領域空間的動線安排；同時透過在走道壁面底漆上磁性漆、面漆噴上黑板漆的做法，創造雙座功能性，讓走道不只是行走的過道，還可以用來貼便條紙、給小孩塗塗畫畫，搖身一變為親子互動的園地。

調整空間配置、融合新舊，一家三口的舒適風尚宅

推開大門，映入眼簾開闊寬敞的客、餐廳，在充足的自然光灑進、一望無際視野的襯托下，客廳北歐風的質樸木紋地板，搭配復古風味的圓圈圖案地墊、老件家具及電視牆仿舊木頭拚貼壁紙；餐廳以色彩亮麗優雅的杯盤餐櫃壁紙，搭配十字紋跟海棠花玻璃相間打造的兩扇進入廚房與小孩房的隱形門、及懸掛於餐桌上由台灣設計師以燈籠概念設計的紅銅吊燈，讓家，處處洋溢著清新復古調性，每一隅都令人驚喜。

其實，這間格局擁有三面採光與面對公園的絕佳先天環境，但是主臥室卻位於最裡面採光與視野最差的空間，而且中間還有一根大樑，床怎麼擺都會有壓樑的情況。因此，將主臥調整到前區採光與視野最佳的位置，並將原主臥的空間以大樑為中線，一分為二分隔出書房與更衣室。此外，因為上廁所會搶、洗澡不會，更將原來的 2 套衛浴，改成 1 套半，真正依照一家三口的生活需求去做最恰當的格局配置，創造更多元而舒適好用的空間功能。

❺ 增設中島廚房連結餐桌，為公領域帶來多元化生活。

減牆減門延伸走道
＋　主臥前移
＋　2套衛浴改成1套半

Before

✕ 主臥採光、視野皆不佳
✕ 主臥有大樑，不好擺床
✕ L 型格局，轉角門對門
∨ 三面採光、面對公園

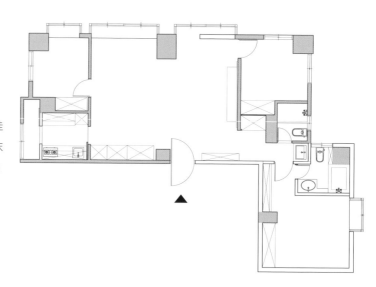

After

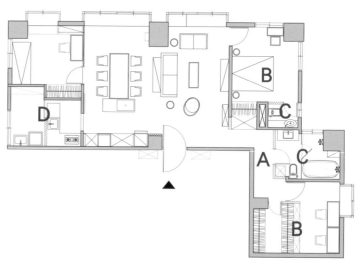

減牆減門

1. **拆除** 打掉原本位於主臥室的房門與牆
2. **延伸** 藉以導引動線，讓走道變更長
3. **機能** 在走道壁面噴磁性黑板漆，賦予走道功能性

主臥前移

1. **前移** 將原本位於裡面採光與視野不好的主臥，外移到前區採光佳又有公園美景的小孩房位置
2. **一分為二** 再將原主臥空間以建築大樑為中線區隔出書房與更衣室

放大客浴

1. **對調** 將原客浴與主浴位置對調，並將 2 套衛浴改成 1 套半，原客浴改成半套主浴，原主浴改成全套客浴
2. **放大** 把客浴空間放大，讓客浴空間更為舒適

縮小廚房

1. **內縮** 將廚房內移，多出空間放大後陽台，讓後陽台也可成為寵物使用的空間
2. **改門** 在門下方設計寵物通道，讓一貓一狗可自由進出後陽台上廁所與飲水進食

走道拉長

減牆減門、延伸走道

➲ 導引行走動線，創造走道功能性

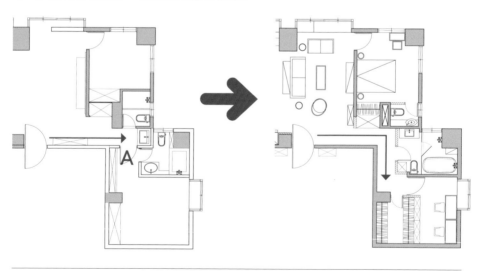

A

　　打掉原本位於主臥室的門與牆，讓走道得以延伸，藉以導引行走的動線進入私領域空間。並藉由在走道牆面底漆上磁性漆，面漆噴上黑板漆，可貼便條紙、磁鐵、畫畫塗鴉，增加走道的功能與趣味性。

空間配置調動
➲ 主臥前移，原主臥分隔出書房及更衣室

目前只保留1間小孩房，並將原先位於裡面採光不佳、窗戶看出去還是隔壁大樓側邊牆壁的主臥，移到前區採光佳又有公園美景的小孩房。再將原主臥空間以大樑為中線區隔出書房與更衣室，將來售屋時，還是保有3+1房的特點。

鄰外窗

樑下櫃做櫃子分割

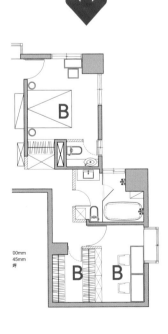

00mm
45mm
坪

C 將 2 套衛浴改成 1 套半

⭢ 放大客浴，讓客浴更大更舒適

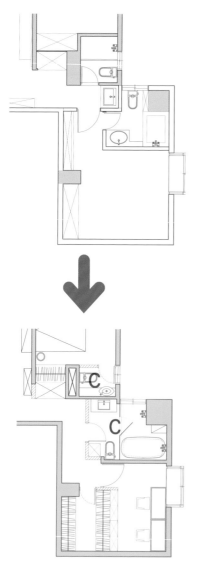

原牆移位

　　由於「上廁所會搶、洗澡不會搶」，加上只有一家三口的生活需求，因此將原本 2 套衛浴改成 1 套半。原客浴因為主臥外移改為半套主浴，將多的空間給原主浴改成的客浴，打造更大更舒適的客浴空間，且位於獨立一間的更衣室旁，讓洗澡前後的更衣更為方便。

摺疊檯面

寵物進出口

廚房內縮，放大後陽台

➲ 加開寵物通道，打造寵物樂園

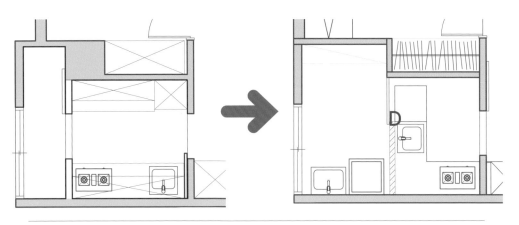

　　因為有養一貓一狗，且又不常開伙用不到那麼大的廚房，所以將廚房內縮，讓出空間將後陽台擴大，後陽台做吊櫃可擺放貓狗使用的食物與用品，下方則可擺放貓砂與狗盆，並在門下方加做一個寵物通道，不但搖身一變為寵物自由進出的樂園，還可保持室內不會有異味。

CASE DATA

房屋型式：電梯大樓／ 30 年老屋
室內坪數：28 坪
居住成員：夫妻、1 小孩
室內格局：玄關、客廳、餐廳、書房、休憩區、廚房、主臥（含主浴與更衣室）、次臥、客浴
主要建材：實木地板、實木貼皮、大理石、烤漆玻璃、進口磁磚

開放公領域、兩側引光，老屋蛻變坐擁河景陽光

拆除前後高櫃，增設吧檯，為老房子注入通透明亮的新生命。

拆除原本切割公共空間的 2 個舊裝潢的高櫃，就像打通任督二脈，讓客、餐、廚整個公共空間一氣呵成，並得以引光、納景。30 年的老屋從陰暗、動線卡卡，蛻變為通透明亮、行走順暢，還給位於水岸第一排的坐落位置，一覽無疑的迷人河景。

30 年老屋，雖然十幾年前有請人重新裝潢，然而之前不當的規劃與過度裝修，位於玄關和客、餐廳間的 2 個高櫃，是增加收納空間，但卻將空間切割的很零碎，造成公領域採光不足、空間壓迫，更阻擋到行走的動線，進大門之後還需繞一圈才能到客廳。我透過打掉 2 個高櫃，將公共空間從被切割變成串聯開放，加上把櫃子轉向，並以 L 型矮鞋櫃取代高鞋櫃、沿牆規劃整排電視櫃與收納櫃，收納空間不但沒有少反增，空間極具多元化功能，動線也變得相當明快。

拆除高櫃、鞋櫃轉向，為公共空間引光、納景

　　由於客、餐、廚整個公共空間是長型格局，且只有前後有開窗。但之前的裝潢卻在一進門的入口處以高鞋櫃隔出玄關，且需多繞一圈才能到客廳。我將

❶

❶ 以中島加吧檯設計，打造ㄇ字型動線，使用便利，促進家人情感交流。
❷ 拆除玄關原有高櫃，改以鏤空展示架加 2 個半高櫃，可收納，並引進光與河景。

鞋櫃轉個方向，改以 L 型矮櫃取代之前的高鞋櫃，收納容量沒有減少，反而因為我在矮櫃上方設計的鏤空展示架，為玄關增添視覺美感，更為室內引進大量採光。沿靠窗矮櫃延伸設計的倚窗弧形邊桌，擺放幾張高腳椅，眼前大片的美麗河景，不管是和家人、親友，或自己獨享，時時刻刻都能享受愜意時光。

拆除原本位於客、餐廳間那面讓空間壓迫、侷促，更擋住光線的高櫃後，我讓原本被切割的公領域整個開放連結，藉由增設中島廚房加吧檯的設計，為公共空間增添多元化功能與不同的生活面貌。從兩側引光進駐室內，白天不用開燈就很明亮，一氣呵成的公領域，客、餐、廚互相串聯，讓置身於任一隅的人們都可互動，增進家人、親友間的情感交流與生活樂趣。

③

改門位置、共用走道，動線明快、流暢不卡卡

透過更改門的位置，往往就能共用走道，是我一直努力研究的，統整在一個走道，充分活用每一寸空間。就像我將主臥的門移到中間，並將主浴與更衣室調整位置，也改了浴室門的位置，讓一進房門的共用走道，到那兒都很方便，更消除掉改門之前的很多走道，節省下來的空間用來增加更衣室的空間，解決屋主之前衣櫃收納不足的煩惱。而主臥房門及彈性空間大拉門，皆使用與沙發背牆相同的實木紋理，悄悄將門隱藏起來，製造視覺的延伸。

此外，早期的裝潢為了收納隔出一間儲藏室，卻阻擋到後陽台的進出，我取消儲藏室的隔間與門，改以靠牆規劃一大排收納櫃，並以拉門設計切齊冰箱，創造出收納空間與視覺的俐落。而且共用一條直線走道，從此不必先進儲藏室，直接就可出入後陽台，讓收納機能、視覺美感與流暢動線同時並存。

❸ 書房以大拉門賦予可開放、可獨立的彈性使用功能。
❹ 打掉原有位於客、餐間的高櫃,引光入室,公領域空間通透明亮。

拆除高櫃
+
開放空間
+
改門位置

Before

✕ 一進門高鞋櫃擋光，動線繞一圈
✕ 客餐廳間的高櫃擋光，切割公共空間
✕ 客浴門對著餐廳，儲藏室擋到後陽台進出
∨ 位於水岸第一排，坐擁河景

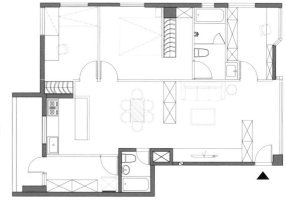

After

轉向變矮

❶ **拆除** 拆掉入口玄關的高鞋櫃
❷ **轉向** 將鞋櫃位置改個方向
❸ **L 型矮櫃** 靠窗規劃 L 型矮櫃，上方搭配鏤空展示架
❹ **引光** 為室內引進採光
❺ **動線** 可直接到客廳，不用再繞一圈

開放公共空間

❶ **拆除** 拆除客、餐廳的高展示櫃
❷ **開放** 客、餐、廚空間整個開放、串聯
❸ **引光** 得以引光入內，公領域寬敞、通透
❹ **機能** 增設中島加吧檯設計，賦予公共空間更多功能

開放收納空間

❶ **拆除** 打掉儲藏室的牆與門
❷ **開放** 開放出空間，靠牆規劃一排收納櫃搭配拉門
　　切齊冰箱
❸ **移門** 將客浴的門移到另一邊，化解餐廳對廁所門
❹ **動線** 共用一條直線走道，可直接進出後陽台，不
　　用先進儲藏室再到後陽台

門的變化

❶ **移門** 將主臥的門移到中間，把空間分成兩邊
❷ **動線** 走進房門到那兒都方便迅速
❸ **重整** 調整更衣室與主浴空間位置及比例，增加
　　更衣室空間
❹ **切齊** 消滅主浴小畸角切齊牆面
❺ **拉門** 書房規劃隱藏式大拉門，讓空間更開闊、
　　可獨立

檔面鞋櫃雙面

高鞋櫃轉向變 L 型矮櫃 ⊃ 收納容量相同，動線不用繞一圈

施工前

　　原本位於入口玄關的高鞋櫃不僅擋住光線入內，更需繞一圈才能進到客廳。將鞋櫃改成靠窗規劃 L 型矮櫃，將窗外的自然光線與河景通通納進室內，進出客廳也不需繞一圈，動線變得相當明快。而順著矮櫃延伸出的鏤空展示架及弧形倚窗邊桌，打造出一方休憩園地，增添悠閒愜意氛圍。

B 拆除高櫃開放公領域

⊃ 兩側引光,公共空間寬敞明亮

施工前

　　原格局的客、餐、廚空間呈長條形,加上客、餐廳又有一高櫃,不但將公共空間切割變狹小,更導致採光不足。拆除高櫃後,讓客、餐、廚三個空間得以一氣呵成,巧妙的為長條空間從兩側引進光線,整個公共空間搖身一變為相當開闊、通透、舒適。而增設的中島與吧檯設計,更注入多元化的生活機能與情趣。

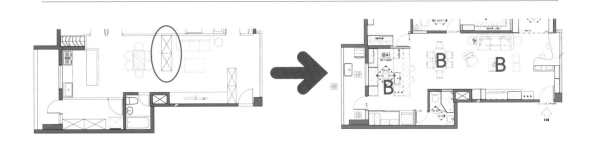

去除高櫃

化解廁所對餐廳

化封閉為開放＋共用走道

➲ 直接進出後陽台，餐廳不會對廁所

廁所門對餐廳

施工前

　　因原格局進出後陽台必需先進入儲藏室才能到，實在很不方便，餐廳還會對到客浴的門。打掉封閉式儲藏室，開放出空間，靠牆規劃一排收納櫃，搭配拉門設計切齊冰箱，並藉此將客浴的門移到這邊，化解餐廳對廁所的風水禁忌，而透過共用一條走道，從此更可直接出入後陽台，不用再繞來繞去，打造流暢動線。

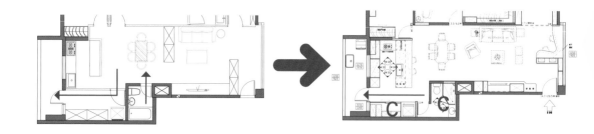

D 主臥移門＋隱藏式門片

➲ 動線變方便，空間變開闊

　　將主臥的門更改移到客廳與餐廳中間，踏入房門左轉到睡眠區、右轉到更衣室與浴室，行走動線變得相當方便。透過調整更衣室與浴室的位置方向及比例，增加更衣室空間，同時也削減掉浴室的小畸角。切齊牆面後可以將書房規劃成隱藏式大拉門，打開空間開闊明亮，關上可自成獨立空間，與沙發背牆相同的實木紋理門片，整體一致的視覺感受，賦予空間俐落的廣度。

CASE DATA

房屋型式：電梯大樓／新成屋
室內坪數：45 坪
居住成員：母女 2 人
室內格局：玄關、客廳、餐廳、書房、休憩室、廚房、主臥（含衛浴）、次臥（含衛浴）、客浴
主要建材：鐵件、實木貼皮、烤漆玻璃、墨鏡、進口磁磚

開放彈性、打造回字動線，家變得更多元化更有趣

3房變2套房，空間變大有彈性、動線繞來繞去可互通。

只需打掉一間房間改成開放式彈性空間，再搭配進出兩邊的拉門設計，便巧妙形成一回字動線，整個公共空間走過來、走過去都可以通，讓空間使用極具多元化，讓家很有彈性、很有趣。

①

　　只有母女 2 人居住，何必侷限於制式的 3 房 2 廳格局呢？以一大套房＋一小套房，搭配一開放書房結合半開放休憩室，再內縮廚房空間用來做開放中島結合餐桌、櫥櫃、電器櫃，旁邊還能擺放一台鋼琴。突破傳統的既定格局與界線，賦予空間更多元化的使用彈性，且讓客廳、書房、休憩室與餐廳之間繞來繞去都可互通，創造出一個別具生活樂趣的環狀回字型動線。

化零為整，造型屏風化解穿堂煞

　　明明有 45 坪實際上一看整個格局卻有很多佔據空間的走道產生，以致於把空間切割的很零碎，甚至出現很多無法使用的畸零空間。更何況還有一進門就直視到客廳落地門，犯了穿堂煞的風水禁忌，每個空間都感覺小小的、動線也卡卡的。

　　首先，我用「化零為整」的設計手法，將原本被切割零碎的空間統整在一起，不僅可消除走道、更可把畸零地一併整合，充份活用每一坪效，創造更合

理的動線安排。舉例來說，面對一進大門就有一塊畸零空間與直視客廳落地門穿堂煞的雙重窘境，我先把客浴的門內縮 25 公分，並在門的另一邊做一道各 25 公分的T字牆，再於T字牆兩邊各做櫃子，同時為客浴與玄關製造收納空間。接著，延伸T字牆的另一邊做一鐵件造型屏風，讓一進門不會先進到客廳，化解穿堂煞，同時還能將入口處的畸零地統整在一起規劃櫃子，隔出一個機能兼具美感的完整玄關空間。

動線非直線，空間具靈活變化

原本卡在客廳與主臥的一間房間，不僅消減到客廳空間，還與主臥室之間產成長長走道，而主臥入口處更有一塊小小的畸零地，動線也是要轉個彎才

❶ 上方鏤空電視櫃後同時也是休憩室的收納櫃，創造通透空間感。
❷ 將櫥櫃、電器櫃與鋼琴統整在一起，空間化零為整；玄關以造型屏風化穿堂煞。

能走到睡眠區。於是，我將封閉式房間改成開放式書房結合半開放式休憩室，並在休憩室兩邊的進出做拉門設計，即可搖身一變為獨立的客房。拉門一開，整個公共空間涵蓋客廳、書房、休憩室、中島廚房、餐廳、鋼琴室彼此之間得以串聯及互通，形成一環狀的回字型動線，創造出可靈活變化使用的公共空間與動線。

　　打掉一間房間的同時，藉此將主臥房門移到另一邊、廚房內縮，拉齊整面牆面。如此一來，不僅消彌原來主臥前的那條長長走道，連主臥進門走到床的動線也變的明快順暢；並且將原來入口處的畸零地統整一起，規劃成一長排衣櫃與梳妝台，創造出屋主想要的更衣區。而內縮廚房多出的空間，則用來設計成一開放式中島廚房連接餐桌、及一排櫥櫃結合電器櫃與擺放鋼琴。我以一間開放式的彈性空間取代封閉式的房間，創造出更寬敞、使用多元化的公共空間，還有屋主極愛的有趣動線變化。

❸❹ 更改主臥房門位置，原本卡卡的動線變順暢了。
❺ 用玻璃界面隔出乾濕分離，讓光與視覺穿透。

加牆做屏風
+
打掉一間房
+
移門到另一邊

Before

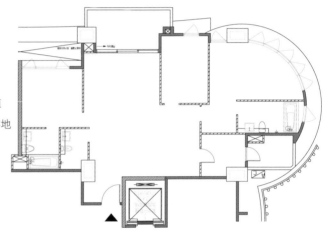

✕ 空間被切割的很碎，有很多走道

✕ 大門入口處與主臥入口處有畸零地

✕ 主臥動線不順，沒地方做衣櫃

▼ 家庭成員只有 2 人，坪數很大

After

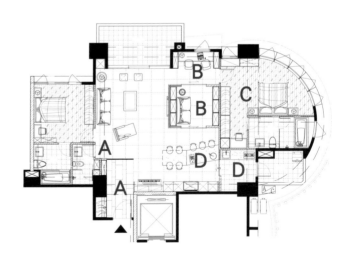

門內移＋增牆

❶ **門內縮** 打掉客浴的牆將門內縮
❷ **加牆** 門的另一邊增加一道 T 字牆
❸ **機能** 於 T 字牆兩邊做櫃子，並延伸一邊做一造型屏風
❹ **統整** 入口處畸零地做櫃子並統整一起，隔出玄關空間

彈性空間

❶ **拆除** 打掉介於客廳與主臥的一間房間
❷ **一分為二** 變成一開放式書房＋半開放休憩室的彈性空間
❸ **拉門** 休憩室兩邊以兩個拉門做為進出動線，可獨立、可串聯整個公共空間

門移到另一邊

❶ **移門** 將主臥的門移到另一邊，並將牆面整個切齊
❷ **機能** 沿著切齊的整個牆面規劃一排長衣櫃與梳妝台，創造出更衣區
❸ **順暢** 原本進房要轉彎才能走到床的動線，變流暢了

中島廚房

❶ **內縮** 縮小廚房，讓出空間增設一排電器廚具櫃與中島廚房
❷ **改門** 將廚房門改成拉門，區隔熱炒區與中島廚房的輕食區，同時也方便進出

屏風擋煞

T字牆＋造型屏風 ⊃ 消彌穿堂煞，統整畸零地

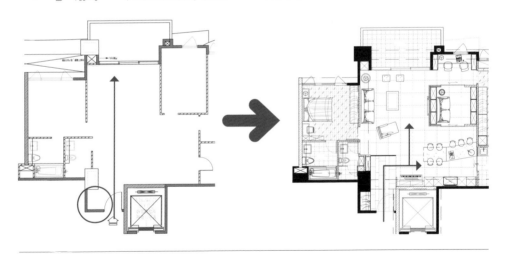

在入口處增加一道140公分的牆，與共用客浴的牆呈T字型，並於新增牆面做一櫃子及一面鐵件造型屏風，一方面創造收納空間，另一方面可消彌穿堂煞的風水禁忌。同時還能巧妙的將入口處的畸零地統整在一起，增設一排櫃子，打造超強收納功能與視覺美感兼具的玄關空間。

B

拆除一間房間

⊃ 改成開放彈性空間，打造環狀回字動線

　　將一間原本封閉的房間一分為二，改成一開放式書房與一半開放式休憩室，賦予空間更多功能的使用彈性。並將休憩室的進與出設計成兩個拉門，拉上拉門，休憩室立刻變成不受干擾的客房；打開拉門，讓客廳、書房、休憩室與餐廳之間的動線彼此互通，形成一極具生活樂趣的回字動線。

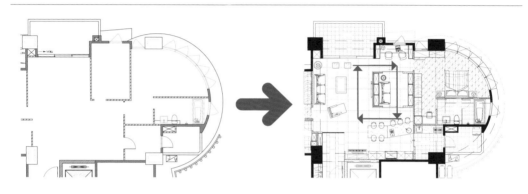

回字動線

回字動線

C

將房門移到另一邊

➲ 消除走道，動線順暢、空間更好用

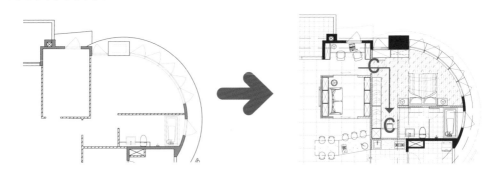

　　原主臥格局不僅進門之前有一走道浪費空間，進門之後還得轉個彎才能走到床，空間被切割的很零碎，根本沒有擺放衣櫃的地方。藉由將房門移到另一邊，並拉齊整個牆面，即可完美的化零為整，不但有地方規劃一長排衣櫃，還多了空間擺放梳妝台，整個動線更是順暢無比。

移門

D

內縮廚房
➲ 增設中島、廚櫃，還能擺放鋼琴

設中島吧檯

拉門區隔廚房

　　將廚房內縮，多出的空間用來設計一中島廚房連結餐桌，讓中島、餐桌與電器櫃、廚櫃，以及鋼琴，得以巧妙融合在一起，將公共空間發揮到淋漓盡致。並以拉門取代原本的推門，讓進出廚房更為輕鬆方便，同時區隔熱炒與輕食等不同功能的烹飪需求。

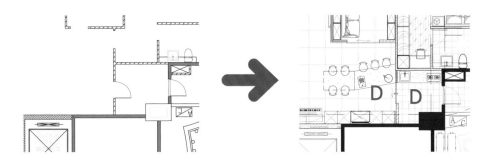

CASE DATA

房屋型式：公寓大樓／ 40 年老屋
室內坪數：37 坪
居住成員：單身男士
室內格局：玄關、客廳、餐廳、中島、廚房、主臥（含衛浴與更衣室）、客臥（含衛浴）、客浴
主要建材：大理石、鏡面、金箔、壁紙

3房變2套房、放大公領域，譜寫優雅樂齡生活

公、私領域格局對調，賦予空間靈活變化的彈性運用。

翻轉退休族的居家空間觀點，跳脫沈穩色調及制式格局，大膽打掉一間房間，放大客、餐廳整個公共領域。全室並以白色基調、佐以活潑的黃色來跳色，搭配優雅的線條與家具，樂齡生活也能盡顯自我、悠遊暢快。

長年旅居國外、事業有成的退休屋主，小孩皆已長大獨立成家，因此大膽的打掉傳統3房2廳的1間房間，將多出的空間統整合併於客、餐廳，並增設中島、吧檯，加倍放大整個公領域，空間極為寬敞、舒適，且賦予更多功能。

格局調動，公、私領域都精彩

　　雖然是屋齡40年的老舊公寓住宅，周圍沒有被高樓大廈擋住，擁有充足的自然光線與良好的通風環境。屋主是退休的熟齡族，但長期旅居國外、仍十分活躍，因此相當接受且喜愛突破制式的空間配置設計手法。於是，我將原本小小的傳統3房2廳格局調動，打掉原主臥空間的隔間牆，開放出空間統整於客、餐廳空間，放大整個公領域。並以白色的空間基調，搭配優雅的法式線板，佐以黃色的電視主牆、金箔鑲邊及2張鮮黃色單椅，讓喜愛法式風格的屋主擁有優雅浪漫交織活力色彩的法式生活風情。

❶❷ 透過格局的調動,將原主臥空間給客、餐廳,統整並放大公領域。

❸ 靈活的家具擺設,讓進出動線流暢便利。

❹ 將廚房空間變小,多出空間給餐廳增設中島吧檯,為生活增添更多樂趣。

❺ 優雅線條的家具與高雅的配色，營造出浪漫有活力的法式風情。

至於私領域空間，由於屋主的小孩皆已長大獨立成家，加上屋主有一半的時間居住在國外，因此將這間房子設定為渡假宅。有鑑於原 2 間客臥與客浴入口處有走道與畸零地，浪費空間且動線卡卡的，我將把原客臥與客浴的牆打掉，統整變為一大主臥套房，不僅消彌走道、且得以統整畸零地，規劃出一個更衣室，讓主臥室功能齊備，動線也變得十分流暢。

　　此外，於另 1 間客臥增設一套客浴變為一小客臥套房，且重新設置獨立的房門，讓主臥與客臥的進出動線彼此不會互相干擾。

彈性大運用，客浴主浴與廚房

　　而位於主臥與主浴、客浴之間，我運用雙開、可上鎖、一邊是鏡面的兩進式拉門做區隔，當主臥推開拉門，藉由鏡面拉門門片的反射具有放大空間的視覺效果；當沒有客人造訪住宿時，打開主浴與客浴的拉門，則可將客浴納進主浴，打造屋主獨享的超寬敞舒適的奢華衛浴享受。

　　交友廣闊的屋主，希望在家能夠盡情招待親朋好友，更希望自己在家時能夠享受自在寫意的生活。因應屋主不常下廚，將廚房縮小，多出空間統整於開放式餐廳，增設中島及吧檯，並以方格鏡面拉門區隔廚房，賦予空間極為靈活的彈性使用。不但滿足屋主可在家弄點輕食、喝杯咖啡，或小酌一番的生活享受；當客人來訪時，在此品酒、談天，透光的大理石吧檯，在白天與夜晚散發出不同的氛圍，在在妝點出多彩多姿的生活樣貌。

打掉一間房
＋ 放大公領域
＋ 雙開可上鎖拉門

Before

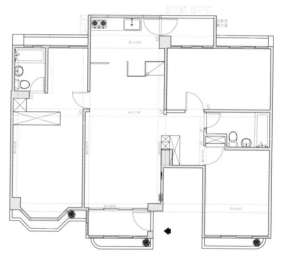

✘ 傳統 3 房 2 廳格局，每個空間都小

✘ 2 間客房與客浴入口處有走道、畸零地

✘ 主臥為長形空間，動線不順，有畸零地

∨ 採光好、通風佳，一層只有一戶

After

格局調動

❶ 拆除　打掉原主臥的牆與門

❷ 放大　開放原主臥空間給客、餐廳，統整放大整個公共空間

❸ 重整　原 2 間客臥重新配置，規劃為一大主臥套房及一小客臥套房

化零為整

❶ 移門　將原客臥的門移到另一邊，規劃為主臥

❷ 機能　重整原客臥入口處的走道及畸零地為主臥更衣室

❸ 順暢　原本需繞來繞去才能進出的客臥動線，變得很流暢

雙開拉門

❶ 拆除　打掉位於原客臥與客浴的牆與門

❷ 合併　統整合併為主臥空間

❸ 增設　減少另一客臥睡眠區域的空間，增設一客浴

❹ 拉門　以雙開可上鎖的拉門，關上時用來區隔主浴與客浴，打開將客浴納為主浴

彈性空間

❶ 內縮　將廚房空間變小，多出空間給餐廳

❷ 拉門　以拉門區隔廚房與餐廳

❸ 增設　在餐廳區增設中島＋吧檯

❹ 機能　規劃為輕食區、及品酒喝飲料等休憩招待的彈性空間

拆除一房

打掉一間房間 ● 放大公共空間、賦予多元功能

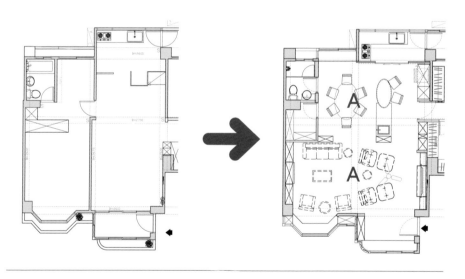

　　因為是做度假使用，拆除3房的1間房間，將空間統整合併於客、餐廳，加倍放大整個公領域，感覺極為寬敞、舒適。並以白色基調及優雅的線條、家具陳設，營造渡假飯店般的質感享受，自住、或用來招待親朋好友兩相宜。

動線破解

B 移門＋化零為整

➜ 消彌走道、統整畸零地，創造出更衣室

改門的位置

隔出更衣室

　　由於原格局的2間客臥與客浴的入口處，不但有走道，更有一塊畸零地。透過將原客臥的門移到另一邊，並重整2間客臥改為一大主臥套房與一小客臥套房，不僅消除走道，更化零為整將畸零地統整，再以茶鏡門片點綴，為主臥創造出超大收納空間的更衣室。

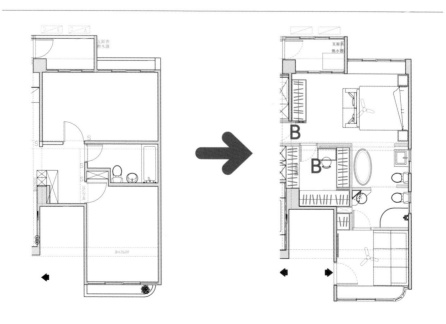

動線破解 C

巧用雙開可上鎖拉門

➲ 關上區隔主、客浴，打開將客浴納進主浴

將其中一間客臥與客浴相鄰的牆打掉，規劃為大主臥套房；並將另一間客臥增設客浴，規劃成小客臥套房。藉由雙開、可上鎖、一邊是鏡面的拉門，區隔2間衛浴，平時是主浴與客浴，打開則將客浴納進主浴，打造如五星級飯店般寬敞舒適的衛浴享受。

雙開拉門

鏡面拉門

增設客浴

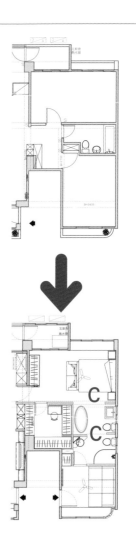

D 拉門做區隔、增設中島＋吧檯
⊃ 打造料理輕食、品酒聊天的多元化空間

拉門阻擋油煙

隱藏燈光

　　屋主雖不常下廚，卻愛在家弄點輕食料理、小酌一番，更常招待朋友到家品品酒，因此將廚房縮小，讓出空間用來增設中島輕食料理區、以及透光的大理石吧檯，在這兒談天小酌、放鬆享用輕食，營造出白天與夜晚各自精彩的兩種不同風情氛圍。

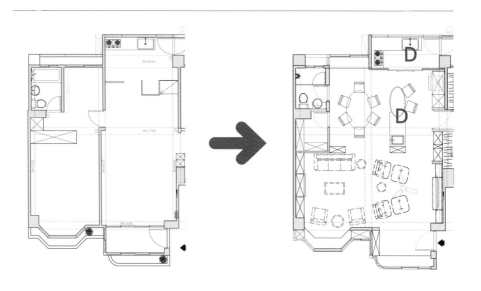

CASE DATA

房屋型式：電梯大樓／新成屋
室內坪數：60 坪
居住成員：夫妻、3 小孩、1 長輩
室內格局：玄關、客廳、書房兼客房、餐廳、廚房、佛堂、主臥（含衛浴）、兒子房（含衛浴）、長親房、客浴
主要建材：大理石、實木貼皮、玻璃、進口壁紙

多元化空間、玻璃當隔間，
功能兼具舒適三代宅

加牆、加門、多隔出空間，
符合需求，不減空間寬敞、舒適。

當傳統的 3 房 2 廳格局，碰上要滿足一家六口的所有生活需求時，如何兼顧功能、舒適及寬敞度呢？在此，我用「加法」──加牆加門、多隔出空間，以滿足三代同堂住的需求；同時使用玻璃當隔間，兼具視覺的穿透，打造舒適開闊的空間感受。

①

空間寬敞度真正取決於是否經過妥善規劃。尤其當居住人口一多時，不只透過聰明的規劃多隔出空間，還必須能營造出空間的寬敞度，我善用玻璃材質當隔間，再搭配石材、木頭等異材質的結合，不僅滿足空間的機能性，更達到穿透性。

彈性空間，1 間當 3 間用、串聯公領域

這是我幫知名導演朱延平設計的第一個家，由於合作愉快，朱導的第二個家也是找我再幫他設計。這個案子是傳統的 3 房 2 廳格局，佔地 60 坪，但朱導是三代同堂、一家共六口要住，加上還需要一間佛堂，以現有的 3 房 2 廳格局根本不夠使用。因此，我用加法──多隔出空間才能夠用，但若只是單純的加牆加門，空間容易變得狹小擁擠。也因而本案雖然有 60 坪，但因家庭成員多，反而要斤斤計較的充分發揮每一坪效，才能打造出實用又舒適的居住環境。

❶ 將原本過大空洞的客廳空間縮小，卻仍能創造出客廳的寬敞度。
❷❸ 運用玻璃隔間多隔出空間，視覺穿透，串聯錯開的客、餐廳。

135

由於朱導有一個小孩在國外唸書，於是，我在佔地稍嫌過大的客廳隔出一「彈性空間」，規劃書櫃、書桌椅，可當書房；沿著靠窗處設計一臥榻，拉出臥榻下方即可變成單人床，平常是休憩室，小孩回國或客人來訪，就可當客房；還可擺放一架鋼琴，當琴房。我只多隔出 1 間，但因賦予多元化的彈性使用機能，彷彿多隔出 3 間一般，1 間可當 3 間使用，而藉由多隔出的這個彈性空間，更可將原本錯開的客、餐廳連接在一起，擴大整個公領域的使用機能、且擁有豐富的空間層次感。

玻璃結合異材質，可當隔間、視覺穿透具美感

玻璃材質當隔間，一方面可以多隔出空間、另一方面又能兼具視覺的穿透。然而，我除了用玻璃當界面外，更結合石材、木頭等異材質，為空間打造值得品味再三的視覺焦點。誠如以上半部玻璃材質、搭配下半部的半高大理石佐以實木構築而成的造型電視牆，堆疊出客廳空間的品味美感，更同時用來區隔客廳與彈性空間。而與書櫃相同材質的木框玻璃拉門，消減玻璃材質的冰冷，為彈性空間注入溫潤質感，滿足獨立性與穿透感。

此外，有鑑於原格局一進大門直視到餐廳，毫無隱私，因此我在入口處加一道牆，再以木框和優雅圖騰壁紙交織如畫作一般，搭配擺放在玄關櫃上的藝術品，為一進大門增添藝術品味的端景，巧妙的讓進門動線導引到客廳。至於屋主需要的佛堂，則是利用主臥突出的畸零空間，增加一道牆與一扇門，隔出一獨立進出的空間，坪數不大，但用來當佛堂遊刃有餘，並在新增牆面另一邊留 60 公分的深度用來做衣櫃，同時也能為主臥室創造收納空間。

❹ 增加一間彈性空間，書房、休憩室、客房等多元化功能可當 3 間使用。
❺ 以展示櫃結合衣櫃，為主臥入口處增設端景。

加牆加門

玻璃界面
+
彈性空間

Before

✘ 一進門先看到餐廳，沒有隱私

✘ 3房2廳格局，空間不敷使用

✘ 客廳佔地過大，大而無用

∨ 格局方正，新屋狀況良好

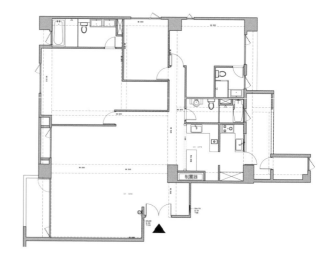

After

加一道牆

❶ **加牆** 於入口處新增一道牆
❷ **統整** 納進入口處旁畸零角落統整為玄關空間
❸ **動線** 將進門動線導引到客廳
❹ **加牆加門** 在客廳空間增設一道牆與拉門
❺ **玻璃材質** 運用玻璃材質取代實牆，以玻璃木框拉門做隔間
❻ **通透** 隔出一視覺通透的書房
❼ **彈性使用** 於書房規劃書櫃、擺上鋼琴，沿窗邊做臥榻，拉出可變成單人床，賦予空間多元化功能

隔出空間

❶ **加牆** 於主臥突出的畸角空間增設一道牆
❶ **衣櫃** 在主臥這一邊的新增牆面做櫃子
❶ **加門** 新增牆面另一邊的對面牆加開一扇門
❶ **新增** 隔出一可獨立進出的空間，規劃成佛堂

增牆導引動線

新增一道牆＋加設玻璃拉門

➲ 隔出玄關，創造出彈性空間

　　由於原格局一進門直接看到
餐廳，缺乏隱私感，因此於入口
處新增一道牆，得以將入口處畸
零角落統整進來，於畸零空間規
劃鞋櫃，美感與機能兼具，且還
具導引動線到客廳的功用。在過
大的客廳多隔出一間彈性空間，
運用玻璃材質當隔間，讓客、餐
廳連結，視覺穿透，串聯整個公
領域，營造出空間的層次感。

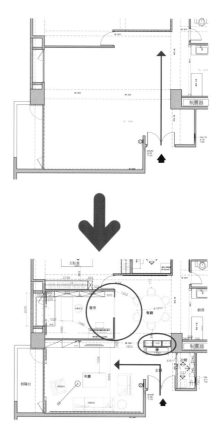

B 加牆加門、隔出空間

➲ 滿足屋主需求，多隔一空間做佛堂

加牆多出空間

　　制式的 3 房 2 廳格局，要滿足一家三代同堂的居住都已捉襟見肘，更何況屋主還需要一個佛堂，原格局的空間根本不夠用。藉由在主臥突出的畸角空間，增加一道牆，再於新增牆面的對面牆加開一扇門，就能多隔出一可單獨進出的空間，空間雖不大，但規劃成佛堂剛剛好。

☐ CASE DATA

房屋狀況：透天別墅／老屋翻新
房屋坪數：B1／23坪（含露台）；1F／18坪（含前陽台4坪）；2F／18坪（含陽台）；3F／18坪
居住成員：夫妻、2小孩
房屋格局：B1／廚房、餐廳、中島輕食區、客臥、客浴、開放收納空間、儲藏室、露台；1F／玄關、客廳、書房＋休閒區、客浴、前陽台；2F／主臥、主浴、更衣室、小孩房、陽台；3F／工作室兼客房、曬衣區、陽台
主要建材：木作、超耐磨木地板、磁磚、木紋磚、格柵木地板、線板、玻璃

為老舊別墅引光通風，
動線流暢不必繞來繞去

拆除阻礙動線的一道牆，
老屋重生，告別卡卡動線與陰暗。

看透格局，只要拆除一道阻擋行走路線
的隔間牆，整個動線就順暢了；將一扇
小小的窗戶改成透明玻璃落地門，就能
引進天井的自然光進駐室內，讓空間獲
得新生。

①

　　屋齡將近 40 年含地下一層、地上三層的老舊別墅，有著前後高低差的別墅格局，其中又以 B1 地下室的格局問題最嚴重，不僅採光不足，動線更是迂迴不順暢，加上空間配置不佳，浪費空間，造成空間的侷促與雜亂。

減牆與引光，地下室也能告別陰暗、行走順暢

　　我決定只需打掉原本儲藏室的一道牆，搭配規劃得宜的櫃子，不僅讓原本位於 B1 的客臥裡的封閉式儲藏室，搖身一變為整齊清爽、好用好收的開放式收納空間，更巧妙一併將隱藏於客臥最裡面的浴室也開放出來，讓不論身處於廚房、餐廳、臥室的任一空間，再也不必繞了大半圈，從此都可行走順暢、方便進出與使用浴室與收納空間。

此外，我還將地下室原本被遺忘的天井重新找回來！把原本被格成一格一格的天井，改成玻璃雨遮，並將天井下方原本只開小小的半窗改為一扇落地透明玻璃門窗，內縮室內空間變為露台，舖上戶外木地板、種植花草，讓原本陰暗的客臥得以引光、通風與納景。為化解客臥原本床對門的風水禁忌，將客臥房門內移，並延著門兩邊新砌的兩道牆增設櫃子，創造收納空間。而位於一樓半旁的餐廳由於空間夠大，因此增設中島做為輕食區，區隔出與廚房熱炒的烹調功能。

❶ 客臥空間退縮為露台，並將半窗改為落地透明玻璃門，引光入室。
❷ 比地下室略高半層的餐廳增設中島結合吧檯，打造出早餐檯和輕食料理區。

運用高低差，區隔不同空間功能

　　推開 1 樓大門入內，運用空間前、後的高低差，用優雅雕花的鍛鐵鏤空欄杆區隔出客廳及書房不同的空間功能。而位於客廳沙發旁的前陽台，地面舖設強化玻璃，打造出宛如空中廊道，映照著下方就是 B1 的天井玻璃雨遮，引進自然光給 B1 客臥的同時，也為客廳前陽台創造另一風景。因應屋主喜歡簡單一點的美式風格，點綴於各個空間中既簡化繁複線條、又保留柔和感覺的線板、壁板、把手及色彩的運用，譜寫一室自在寫意的現代美式氛圍。

巧用隱藏門，兼顧整體視覺美感與動線機能

　　2 樓的主臥室，同樣巧妙運用空間原本的高低差，區隔出不同的使用功能，前半部規劃為睡眠區，後半部踏上兩階踏板則是一間寬敞的更衣室。在這兒透過增設一扇與衣櫃相同設計的門片，巧妙將更衣室的門隱藏起來，不僅賦予主臥室整體的視覺美感，更讓睡眠與更衣室各自獨立，不受干擾。隨著更衣室增設門的兩邊而新增的牆面，更可設置衣櫃與化妝桌，大大增加更衣室的收納與實用功能。而位在 2 樓的小孩房與 3 樓的客房，因為坪數非常小，床怎麼擺就是會有一開門對到床的困擾，透過設計與牆面相同材質的隱藏式門片，就能輕鬆解決這個煩人的問題。

❸ 運用前後高低差，以雕花鍛鐵鏤空欄杆區隔出客廳及書房。
❹ 主臥室內的更衣室房門設計與櫃面相同，關閉時形成完整牆面。

減一道牆
將門內移
開天井
內縮露台

X 客臥採光不足、通風不良

X 客浴隱藏於客臥的儲藏間裡，動線不佳

X 儲藏室位於客臥內，使用不便

V 透天別墅，地下室空間大且獨立

B1

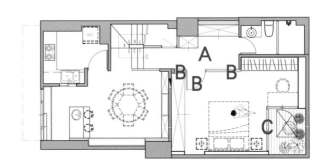

B1

減一道牆

❶ 拆除 打掉儲藏室的一道牆

❷ 開放 將原本封閉式儲藏室變成開放式收納空間，也將隱藏於裡面的客浴開放出來

❸ 順暢 讓原本繞來繞去的不良動線整個變的很順暢

將門內移

❶ 內移 將客臥的門內移

❷ 加牆 在門兩邊增加兩道牆，消彌原本門對床的風水禁忌

❸ 機能 延著新砌的牆設置櫃子，增加收納機能

引光納風

❶ 拆除 將原本僅開一小洞天井下方的半窗拆除

❷ 透光 改成較大片的玻璃落地門與玻璃雨遮，為採光不良的客臥引光通風

❸ 機能 舖上戶外木地板，打造一露台小庭院

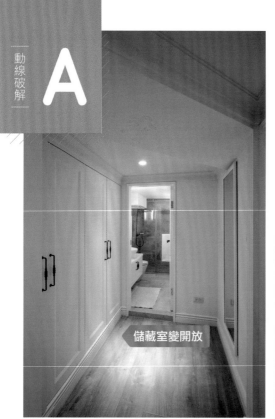

儲藏室變開放

少掉一道牆 ⊃ 整個動線順暢了

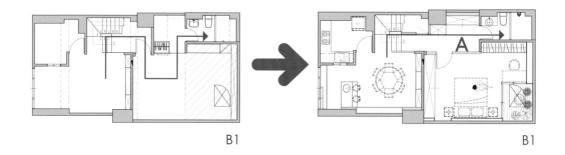

B1　　　　　　　　　　　　　　　A　　　B1

　　打掉原本儲藏室的一道牆，規劃一排整齊清爽的櫃子創造出好用好收的開放式收納空間，以取代原本藏在客臥裡雜亂的封閉式儲藏室；更巧妙一併將隱藏於客臥的浴室也開放出來，不論置身於廚房、餐廳、臥室，都能方便進出與使用收納櫃與客浴，讓整個動線從原本的繞來繞去變成直線的行走，相當順暢。

B

將門內移＋新增兩道牆

⊃ 避免門對床，更可增設櫃子

　　原本客臥的門一打開怎麼擺就是會對到床，將門往右移60公分，並於門兩邊新砌兩道牆，除高明的消彌床對門的風水禁忌，另一方面也可在新砌兩道牆的前與後規劃櫃子，一邊給客臥、一邊給開放儲藏室，創造更多的收納空間。

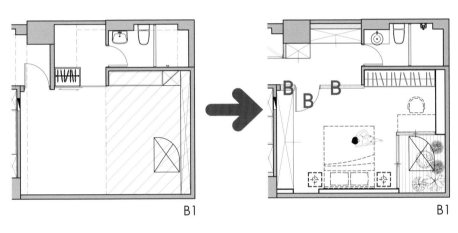

B1　　　　　　　　　　　　　　　　　　　　　　B1

加一道牆

半窗改成落地門

半窗改成落地門＋玻璃材質

⊃ 戶外露台，引進光與風

　　將原本僅開一小洞的天井下方設計成一戶外露台，運用透明玻璃落地門、玻璃雨遮，為位於地下室原本採光不良的客臥，引進自然光及通風，舖上戶外用格柵木地板、壁板，打造一個可以自由進出、種花種草的小庭院。

施工前　　　　　　　　　　　　　施工前

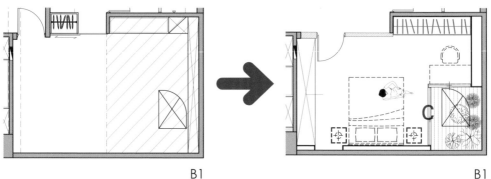

B1　　　　　　　　　　　　　　　　　　　　B1

D 增一道牆＋一扇隱藏門

● 區隔睡眠區與獨立更衣室

加櫃加隱藏門

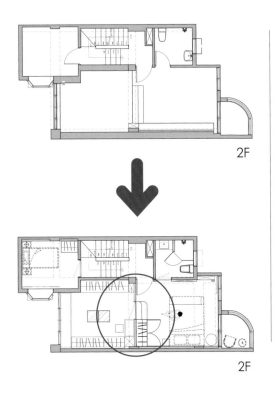

2F

2F

　　在 2F 主臥原本高低差的位置加一道牆，藉以將原本直通通的格局，區隔出睡眠與更衣兩種不同功能的空間，給予空間豐富的層次感。同時運用一扇與牆相同顏色與材質的隱藏門，巧妙的將更衣室與化妝台獨立出來，寬敞的空間兼具視覺美感與機能收納，營造出有如精品服飾店的感受氛圍。

CASE DATA

房屋狀況：透天別墅／新成屋
房屋坪數：B1／2.5坪；1F／18坪（陽台15坪）；2F／15坪（陽台2坪）；3F／11.5坪（陽台2坪）；4F／19.5坪（陽台13坪）
居住成員：夫妻、1小孩、2長輩
房屋格局：B1／車庫；1F／客廳、餐廳、廚房、客浴、庭院；2F／主臥、書房、化妝桌、更衣室、主浴；3F／小孩房、長輩房、客浴；4F／起居室兼客房、戶外餐廳、曬衣區
主要建材：木作、實木貼皮、塗料

共用主動線、拉大空間尺度，三代同堂樂陶陶

統整多個動線於一條走道，不浪費空間，充分發揮每一坪效。

擁有自己的土地與房子，是住透天別墅最吸引人之處。然而，別墅住宅每一層樓的坪數都不會太大，如何將總數很大、實際每一層坪數卻不大的別墅格局，創造出空間的寬敞舒適與符合生活的實用功能並存，善用「共用走道」的動線規劃，就對了！

①

年輕電子新貴夫妻，除了常接待朋友同事到家做客之外，還要符合長輩照顧小孩三代同堂的需求。希望有一個寬敞的客廳招待朋友，更想要有一個休憩室以提供客人住宿之用，而且男主人渴望擁有自己的書房，女主人想要有化妝台與更衣室，加上長輩房、小孩房與小孩遊戲區等諸多需求，在在突顯出原有空間不敷使用的重大問題。

共用主走道，空間方正、器度放大

千萬不要以為別墅的空間很大，很好規劃，其實平均下來每一層的空間都不大。就像這個案子的 1 樓坪數只有 18 坪，而且還是狹長型格局，一不小心很容易產生浪費空間的走道。因此我將連貫空間與空間的移動動線、以及使用櫃子的前面與拉開椅子後面所需要預留的機能動線，通通整合在一條主動線上，也就是說當你從大門或搭電梯進到 1 樓的公共空間，無論是坐在客廳聊天，或使用電視櫃、火爐壁櫃，還是要移動走到餐廳、廚房與客浴，通通共用

一條走道。如此一來，兼具移動與功能的共用走道，絲毫沒有浪費任何空間。

另一方面由於格局呈狹長型，若只是依循一般常見的電視櫃規劃手法，會壓縮到空間寬度，讓空間變得狹小侷促。我透過在客廳最邊邊的位置設計一L型電視櫃，並把電視斜著擺放，與沙發呈最長的對角線，置身其中，完全覺得空間是方正的，更藉此拉大客廳的尺度，空間感覺十分開闊。搭配另一旁的火爐壁櫃設計、串聯一起的餐廚空間、黏貼與火爐壁櫃相同木皮的客浴隱藏式拉門，以及繽紛活潑的窗廉、家具擺設，讓18坪的公共空間，營造出彷彿有30坪的空間寬敞器度與使用機能，不管是用來接待朋友同事、或者是三代同堂，都能創造出多彩多姿的生活風情。

❶ L型電視櫃搭配斜著擺放，爭取最大空間，感覺寬敞方正。
❷ 共用走道與活潑用色，兼顧三代同堂的不同需求。

❸

新增牆面、多隔空間，賦予空間多元化功能

　　位於 2 樓主臥的原先格局是整個開放，因應男女主人的不同需求，我沿著房門推開後的位置新增一道不頂天立地的弧形牆面，藉由上半三分之一的透空，消彌空間的壓迫感。並於新增牆面靠床尾這一邊規劃簡簡單單的電視櫃，另一邊則規劃書櫃、書桌及化妝桌，巧妙的創造出男主人渴望擁有的書房。而位於主臥室後半部由於有根大樑，我在大樑下新增一道牆及一扇門，便能隔出一擁有超大收納容量的獨立更衣室，滿足女主人的需求。

　　將長輩房與小孩房安排在 3 樓，方便父母就近照顧小孩。於 4 樓規劃一兼具休憩、起居的彈性空間，搭配空中庭院的戶外餐廳與烤肉區，當親朋好友造訪時，就可在此聊天、用餐、烤肉…，想借住更可當客房。當只有家人相聚時，這方天地更可搖身一變為小孩的遊戲區、大人的休憩室，讓三代同堂的老、中、小都能自由自在、盡情玩樂與放鬆。

❸ 主臥弧形天花呼應弧形
造型電視牆。

❹ 於原本一大間主臥後半
大樑下新增牆與門,隔出
更衣室。

❺ 散發活力的嬰兒房,長
大之後可變成小孩房。

電視斜放
+
共用走道
+
增牆加門

Before

✗ 屋主常接待朋友，客廳不夠大

✗ 1F 客餐廚呈狹長型，不易規劃

✗ 2F 主臥不大，無法滿足屋主需求

▽ 新成屋別墅，屋況良好

1F

2F

After

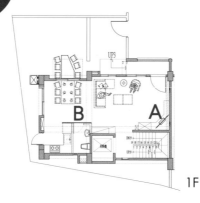
B　A
1F

D　C
2F

斜放電視

❶ **L 型** 電視櫃設計成 L 型，電視斜放
❷ **放大** 以爭取最大使用空間，放大客廳
❸ **方正** 置身其中空間感覺是正的
❹ **功能** 搭配另一旁規劃火爐壁櫃，客廳功能齊全

共用走道

❶ **隱藏** 客浴門改成與旁邊火爐壁櫃相同木皮的隱藏式拉門
❶ **整合** 將行走到各空間的主動線、及使用櫃子或椅子後需留走道的動線，整合在一起
❶ **坪效** 不會形成浪費空間的走道，活用每一坪效
❶ **動線** 打造明快流暢的動線

增弧形牆

❶ **加牆** 沿主臥門推開處新增一道弧型牆面
❶ **雙面** 於新增牆面靠床的這邊做簡單電視櫃，另一邊則規劃櫃子、桌椅與鏡子
❶ **機能** 創造出書房與化妝桌兩用空間

增加空間

❶ **加牆加門** 於主臥室後半部大樑下方，增加一道牆與一扇門
❶ **更衣室** 多隔出一獨立空間，規劃成更衣室
❶ **機能** 為主臥增加多元化的使用功能

動線破解 **A**

L型電視櫃＋電視斜放

➲ 拉大客廳，空間變開闊

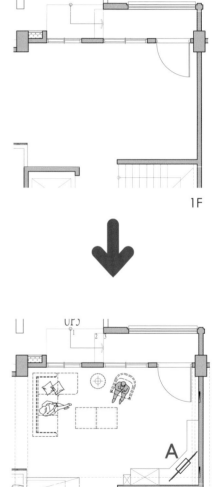

1F

1F

　　由於客、餐、廚空間呈狹長型，若照著一般常見的電視櫃來規劃，會削減掉客廳的空間。因此在客廳對角處設計 L 型電視櫃，並把電視斜的擺放，才能爭取最大使用空間，將客廳整個拉大，搭配另一邊的火爐壁櫃，創造客廳最大尺度的寬敞舒適，並兼具多功能的實用性。

共用一條走道 ○ 共用一條走道

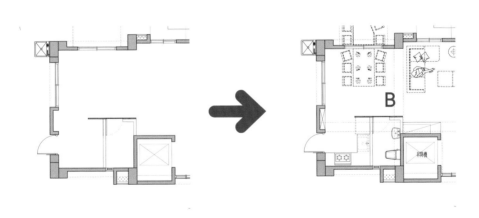

1 樓客餐廚格局呈狹長型，若空間分配不當，一不小心就會產生浪費空間的走道。將行走的動線與使用櫃子的機能動線整合在一起，從大門或搭電梯進來，到使用電視櫃、火爐壁櫃，以及走到餐廳、客浴與廚房的動線，通通共用一條走道，充分發揮每一坪效，營造出空間的寬敞器度，行走動線更是十分暢快。

C 新增一道弧形牆面

⊃ 創造電視櫃，及書房、化妝桌

　　2 樓主臥房門旁位置，增加一道弧形牆面，剛好區隔出睡眠區，於床尾這邊的牆面規劃一簡單的電視櫃；牆的另一邊規劃書櫃與桌、椅，再貼上鏡子，巧妙的創造出書房與化妝桌，滿足男主人渴望擁有書房的需求，也為女主人打造閱讀與化妝兩用空間。

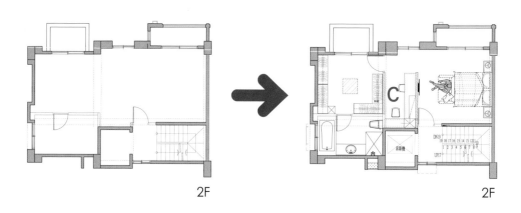

2F　　　　　　　　　　　　　　　2F

增一道牆＋加一扇門

● 隔出一間獨立更衣室

　　有鑑於主臥後半部有一根大樑，沿著樑下增加一道牆與一扇門，既修飾掉大樑，又可多隔出一間獨立空間，用來規劃為更衣室，與主浴相連，更衣相當方便。而寬敞的空間、超大的收納容量，在家也能擁有服飾店般的精品更衣室享受。

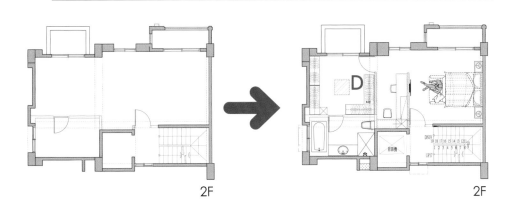

2F　　　　　　　　　　　　　　　　2F

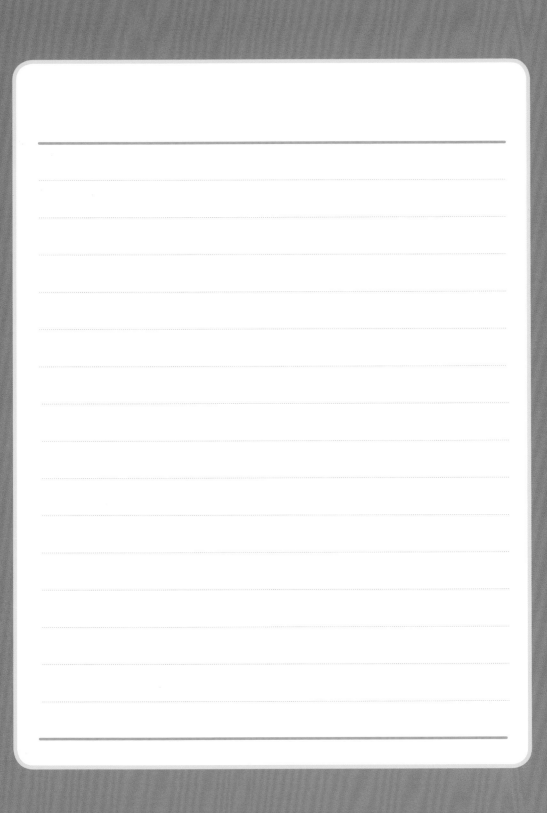

國家圖書館出版品預行編目 (CIP) 資料

圖解家動線：好格局與動線的設計原理 / 游明陽著 . -- 初版 . -- 臺北市：風和文創 , 2018.06
面 ; 17*23.4 公分
ISBN 978-986-96075-9-9 (平裝)

1. 室內設計 2. 家庭裝潢置 3. 空間設計

422.5 107006394

圖解家動線

好格局與動線的設計原理

作　　者	游明陽	插畫繪製	A WEI
總 經 理	李亦榛	出版公司	風和文創事業有限公司
特　　助	鄭澤琪	公司地址	台北市中山區長安東路二段 67 號 9F-
副總編輯	魏雅娟	電　　話	02-25067967
企劃編輯	張芳瑜	傳　　真	02-25067968
封面設計	黃聖文視覺設計工作室	EMAIL	sh240@sweethometw.com
內文設計	亞樂設計有限公司		

台灣版 SH 美化家庭出版授權方

IESG

凌速姊妹 (集團) 有限公司
In Express-Sisters Group Limited

公司地址　香港九龍荔枝角長沙灣道 883 號
　　　　　億利工業中心 3 樓 12-15 室
董事總經理　梁中本
EMAIL　　cp.leung@iesg.com.hk
網址　　　www.iesg.com.hk

總經銷	聯合發行股份有限公司	製版	彩峰造藝印像股份有限公司
地址	新北市新店區寶橋路 235 巷 6 弄 6 號 2 樓	印刷	勁詠印刷股份有限公司
電話	02-29178022	裝訂	明和裝訂股份有限公司

定價 新台幣 380 元
出版日期 2018 年 6 月初版一刷
PRINTED IN TAIWAN 版權所有 翻印必究
(有缺頁或破損請寄回本公司更換)